河北省高等学校科学技术研究项目（QN2021409）

石家庄学院博士科研启动基金项目（21BS017）

基于图像处理技术的
小麦营养状况诊断技术研究

宋宇斐 刘智国 李世武◎著

JI YU TUXIANG CHULI JISHU DE
XIAOMAI YINGYANG ZHUANGKUANG ZHENDUAN
JISHU YANJIU

河北科学技术出版社

·石家庄·

图书在版编目（CIP）数据

基于图像处理技术的小麦营养状况诊断技术研究 /
宋宇斐，刘智国，李世武著. -- 石家庄 ：河北科学技术
出版社，2022.6（2023.3重印）
ISBN 978-7-5717-1145-0

Ⅰ．①基… Ⅱ．①宋… ②刘… ③李… Ⅲ．①图像处
理－应用－小麦－植物营养缺乏症－诊断 Ⅳ.
①S435.121.3

中国版本图书馆CIP数据核字(2022)第095513号

基于图像处理技术的小麦营养状况诊断技术研究
Jiyu Tuxiang Chuli Jishu De Xiaomai Yingyang Zhuangkuang Zhenduan Jishu Yanjiu

宋宇斐　刘智国　李世武　著

出版	河北科学技术出版社
地址	石家庄市友谊北大街330号（邮编：050061）
印刷	河北万卷印刷有限公司
开本	710毫米×1000毫米　1/16
印张	6.75
字数	105千字
版次	2022年6月第1版
印次	2023年3月第2次印刷
定价	49.00元

前　言

　　小麦是世界各地广泛种植的谷物，也是我国华北地区主要种植的谷物之一，其长势、产量的准确预测对农业生产和区域经济的发展具有重要意义。我国过量施氮问题已经十分严重，特别是在华北平原高产农区，很多田块冬小麦氮肥用量已远高于最高产量的最优施肥量。叶绿素是反映作物氮素营养状况的重要指标，其含量与作物的生长情况、光合作用能力和作物产量密切相关，精准估测小麦叶绿素含量具有重要的现实意义。随着图像处理技术的日益成熟，运用图像特征估测作物的叶绿素含量成为重要的技术手段之一。

　　本书从小麦快速无损营养诊断应用出发，对基于数字图像处理技术的小麦叶绿素营养诊断各环节涉及的技术方法进行了研究论证，提出了相应的图像处理方法、目标提取算法、图像评价指标集构建方法、特征筛选和特征构造算法以及模型构建方式方法。本书研究结果可为基于数字图像的田间小麦叶绿素含量检测研究提供理论基础及技术指导，为农业生产效率的提高及农业与二三产业融合起着积极的推动作用，解决现代农业生产技术水平低、效率低的问题，推动农业生产可持续发展，为"十四五"全国农业绿色发展规划及农业全程机械化发展奠定基础。

　　全书共六章，分为四个部分。

　　第一部分：基于图像技术的小麦营养诊断前期准备（第一章至第二章）。本部分主要介绍了基于数字图像处理技术的小麦营养诊断研究的国家政策背景、意义、发展方向，以及国内外目前这方面研究的现状，然后详细分析了此类研究现阶段面临的问题，最后介绍了实验地区的基本情况、数据收集情况以及应用的基本技术。

　　第二部分：小麦营养诊断全环节研究（第三章至第五章）。本部分主要介绍了应用数字图像处理技术解决小麦营养诊断问题各环节可采取的技术手段及方法，包括如何进行大田复杂背景下的图像分割和小麦目标提取、如何进行图像评价指标集的构建、筛选何种图像评价指标以及图像指标的评价方式和标准制定、怎样进行图像评价指标子集筛选和特征构造、选择何种模型以适应大田复杂光照和天气条件、如何建立稳定有效的诊断模型等。

第三部分：总结与展望（第六章）。本部分总结了全书的主要工作，梳理了本研究的主要创新点，明确了该领域研究今后的发展方向。

本书由石家庄学院宋宇斐、刘智国、李世武编写。由于时间仓促，书中难免有疏漏和不当之处，敬请读者批准指正。

目 录

1 绪 论

1.1 研究背景

小麦学名 Triticum aestivum，禾本科植物，是世界范围内广泛种植的粮食作物之一，世界上有 43 个国家，约 35%~40% 人口以小麦为主要粮食。我国小麦的种植面积占据全世界的 13%，是世界上最大的小麦生产国和消费国。保证小麦的高产、优产以及高效率的生产对解决我国粮食储备及安全问题、实现我国粮食战略目标具有重要的意义 [1-2]。

保证小麦的高产、优产，需要精准监测其生长状态及营养情况。叶绿素是表征作物生长状态、病虫害胁迫以及作物营养状况的重要指标，是植物进行光合作用、吸收和传递光能的主要物质。通过光合作用，植物可以从土壤中吸取碳、氧、氮、磷、钙等多种元素，故植物叶片中的叶绿素含量与植物的光合能力、发育情况以及作物物质积累能力有良好的相关性 [3]。植株缺乏氮、镁、铁、锰、铜等元素往往会导致其叶绿素含量下降，检测叶绿素含量可实现植株氮、镁、铁、锰、铜等元素含量的诊断 [4-5]。因此，现代农业中叶绿素含量常被作为小麦养分检测和生长状态监测的重要指标，故快速检测叶绿素含量对作物生长至关重要。

小麦生长过程中叶绿素含量的准确检测是科学合理施肥的重要前提，而快速、无损地进行作物生长情况诊断和检测是当前农业生产与精准农业实施中急需解决的重要问题之一。化学分析法是目前最常用、最精确的方法，也是各类延伸方法的基础。但化学分析法操作复杂、周期长，需要进行田间破坏性采样，将样本带回实验室进行化验，同时化学分析法使用试剂会造成环境污染。

随着信息技术和光学传感器的不断发展，光谱和数字图像以其信息量大、分辨率高等特点在农业领域得到了广泛应用。很多高校和科研机构采集作物样本，利用光谱仪、数码相机、扫描仪等光学设备研究作物叶绿素成分含量和生长状况与光谱反射率或图像特征之间的关系，建立相应的数学预测模型，评估作物叶绿素含量或生长状态[6-19]。为了保证模型精度，很多研究将样本采集回实验室，在暗室或者固定光源的设备箱内完成实验。这些方式虽然解决了环境污染问题且实现了快速检测，但仍然需要对作物进行破坏性取样。这样的取样方式不利于重复检测，并且室内检测的手段不能作为现场实时化肥施用的检测方案。

随着现代农业的不断发展，2018 年我国发布了《国务院关于加快推进农业机械化和农机装备产业转型升级的指导意见》，文件提出"我国农业生产已从主要依靠人力畜力转向主要依靠机械动力"的重大判断，明确了"没有农业机械化，就没有农业农村现代化"的重要定位。文件释放了全国范围内全面推进农业机械化的重大信号，并建立了"国家农业机械化发展协调推进机制"。可见，推进农业全程机械化是新时代国家推进现代农业向资源高效配置和综合集成方向发展的重大决策[20-21]。在农业全程机械化推进中，机械化精准施肥是其关键环节，也是较难突破的环节之一。为此，许多专家学者做了大量努力，将信息技术运用到提高农业机械化精准施肥水平的进程中[22-23]。为实现机械化精准施肥，就必须将实验室内对作物叶绿素的评估转移到大田环境下进行。通过在大田环境下对作物叶绿素的实时检测，指导施肥机械现场进行精准的化肥施用。但相较于实验室高标准、严苛的实验条件及装置，大田环境复杂，数据采集易受到光照、温度、天气变化等情况的影响，从而造成检测结果的精度和稳定性降低。光谱技术作为一种新兴的光电检测技术，有机地将电子学、光学以及计算机科学等领域的先进技术结合在一起。它拥有分辨率高、波段涵盖范围广等优点，可以在一定程度上减少环境光照和天气变化对作物检测结果造成的影响，这些优点使光谱技术在近几年大田环境下作物叶绿素快速检测中广泛应用。许多地物光谱仪和室外高光谱成像设备等先进的技术手段或方法被用来在大田环境下实时地进行作物生理状况和生长信息的无损检测。但这些设备造价较高，采样时，精密的仪器需要专业的操作人员。然而，对作物叶绿素含量最敏感的光谱数据的前两个波段都在可见光区域，这意味着，在可见光范围成像的数字图像可以作为一种低成本、易操作的测量手段，用于大田作物叶绿素状况评价。

现阶段在大田环境使用数字图像技术对作物进行叶绿素检测的研究主要集中在叶片尺度。利用叶片图像进行养分检测不易受到土壤、背景以及测量环境等因素的影响，能够获得相对理想的颜色特征数据。研究叶片尺度图像特征与叶绿素含量之间的关系，有助于解析数字图像颜色特征与作物养分吸收间的生物学意义，为使用近距离无接触的测量手段进行作物叶绿素成分检测提供理论依据与方法基础。叶片叶绿素成分检测相关研究主要集中在建立图像的颜色特征与叶绿素元素之间的关系模型，尤其是 RGB 颜色特征。而该颜色空间信息对光照十分敏感，但以往的研究中针对其他受光照影响较小的颜色空间的特征探索较少。叶片图像可以较准确地反映作物特定部位的叶绿素状况以及图像特征与作物叶绿素成分间的内在关系。实际应用中，作物整体叶绿素状况和肥料缺乏情况可以通过植株群体生长状态呈现，研究作物群体冠层尺度的叶绿素成分含量有助于了解作物长势和养分供应及吸收状况，而且作物冠层图像中包含比叶片图像更多的作物长势信息，这些信息对实现变量施肥有重要的指导意义。但冠层图像易受到土壤背景、环境因素等方面的影响，与叶片尺度相比，目标提取难度较大。因此，目前针对作物冠层尺度的研究较少，且这些研究与叶片尺度一样主要集中在分析冠层颜色特征与作物矿质养分含量之间的关系 [24-25]。

本文以冬小麦为研究对象，以数字图像技术为依托，通过采集不同施肥水平下、不同尺度的小麦图像样本，结合农学仪器实测数据，综合利用图像处理技术、多元数据分析方法及机器学习算法，对数字图像数据与小麦叶绿素成分含量间的内在关系进行研究，旨在建立小麦叶片和小麦冠层尺度下的叶绿素营养检测模型，为小麦叶绿素成分快速检测工作提供决策支持，促进农业产业结构调整，对实现农业可持续发展和全程机械化有重要的研究和现实意义。

1.2 国内外研究现状

随着农业现代化进程的不断推进，传统粗放式的大田施肥会带来资源浪费和环境污染，与我国可持续发展战略相悖。目前数字图像作为光谱无损检测的廉价代替技术，能够在可见光波段提供作物叶绿素检测有价值的信息，在现代精准农业发展，尤其是作物叶绿素成分检测发展方面有着较强的应用潜力。数字图像技术是随着成像传感器技术、计算机科学技术、人工智能等领域的兴起而逐渐发展起来的一门交叉学科技术。其利用计算机模拟人眼的视觉系统进行图像获取和分析，通过对图像中包含的信息进行提取以及分析处理，从而实现对被摄物体成分或特性的检验，由于数字图像采集设备的造价较低，所以该技术拥有很广泛的研究与应用前景。

1.2.1 基于数字图像的营养检测评价指标研究进展

对于大田作物检测，借助作物图像研究并构建有效的作物图像评价指标是准确无损检测作物营养成分的关键[26-28]。目前，利用图像处理技术对作物叶绿素成分评估建模的研究较多，而致力于构造用于作物叶绿素检测的图像特征指数的研究较少。

Shibayama 等 [27] 利用窄带双摄像头系统评估稻田叶片叶绿素，发现了绿色指数（Leaf Greenness Index）与水稻叶片的叶绿素含量有很强的相关性。前人研究发现，对作物基本的图像特征尤其是颜色特征进行算数处理与组合后，获得的新的构造参数与作物的叶绿素成分尤其是氮素含量相关关系更明显[29-30]。Wang 等 [31] 使用（$G-R$）、G/R、NGI（绿光标准值）、NRI（红光标准值）和色调指数估算水稻生物量、氮含量和叶面积指数（LAI）；他们提到（$G-R$）和 G/R 指数在估算水稻生物量、氮含量和 LAI 方面的能力优于其他指标。Karcher 和 Richardson[32] 发现 RGB 颜色空间中单一的绿色分量不能准确地代表植被绿色程度，而红色和蓝色分量值的变化也会改变植被显现绿色的程度。因此，他们引入了基于 HSB（色调、饱和度和亮度）颜色空间的深绿色指数（DGCI），并对 HSB 颜色空间的颜色值进行了校正，结果表明 DGCI 与作物含氮量有很好的相关性。除此之外，Rorie 等人也报告了 DGCI 估算植物氮含量的能力[33]。Kawashima[25] 等人研究了大田环境中不同天气情况下，RGB 颜色空间各颜色分量的组合与小麦和黑麦叶片叶绿素之间的关系，发现在不同天气情况下，指标（R–B）/（R+B）与叶片叶绿素含量均表现出较好的相关性。在特定天气情况下，指标 R–B 与指标 G–B 与作物叶片叶绿素含量有较高的相关性。

国内方面，李红军等[34-35] 研究了返青和拔节两个阶段对小麦氮素含量敏感的叶片颜色指标；研究表明，返青期与植株氮素含量相关性最好的颜色特征指标为 G/R 和 NRI；在拔节阶段与植株氮含量相关性最高的指标为 NRI；此外，颜色指标 NRI 还与小麦 LAI 显著相关。陈敏等[36] 设计了 8 种不同施肥处理的田间实验，使用数码相机采集了棉花植株不同叶位的图像，分析了图像颜色参数与叶绿素含量和氮素含量的相关性；研究发现棉花的倒三叶和倒四叶的氮素含量与颜色指标 NRI 有较高的相关性，倒二叶与 NGI 的相关性最好。王连君和宋月[37-38] 设计了六种施氮水平的实验，采集了葡萄生育期的冠层图像，分析了图像颜色指标与葡萄氮素含量之间的关系；研究表明，颜色指标 G/B 和 NGI 与施氮量以及一些其他表征葡萄氮素营养的指标相关性最高，这两个图像颜色指标可以作为葡萄氮素营养检测的依据。此外，除了直接对 RGB 各分量进行计算组合外，还有一些学者[39-42] 利用主成分分析将多个特征组合成一个或几个主成分，从而达到指标优化的目的，提高作物叶绿素成分检测模型的精确度。

综上，相关研究已经表明，光照情况的改变会影响同一被摄物体的 RGB 颜色值[25]。但目前在田间作物检测研究中，很少有针对 RGB 颜色空间这一特性进行削弱光照影响的研究。在 RGB 图像中，作物的颜色是由红、绿、蓝三分量灰度值综合反映的，有学者已经发现 RGB 颜色空间的任一分量值的变化都会引起作物整体颜色的改变[30]。而前述的研究在突出单一分量变化时并未充分考虑其他两分量对作物养分检测的影响。另外，在图像特征提取时，目前大部分研究仅针对RGB颜色空间，对其他颜色空间的讨论较少，同时，提取图像特征时大部分研究均局限在作物颜色特征或颜色特征组合，对衡量作物生长状态和形态特性的图像指标挖掘较少。因此，研究降低光照及周围环境对作物图像信息干扰的方法和手段，深度挖掘图像有效信息，构建完善的图像评价指标集，以进一步提高大田环境下数字图像对作物叶绿素的评估能力十分必要。

1.2.2 基于数字图像的营养检测技术研究进展

利用数字化的手段对农作物进行研究的目的是为了节约资源，提高农作物生产效率。数字图像进行作物叶绿素无损检测的目标是通过信息化的手段了解植物的营养状况，指导作物生长管理。目前大多数研究集中在，通过图像处理和数据挖掘技术建立图像特征和营养成分之间的回归模型。相关的研究如下：

Jia等[43]采集了冬小麦冠层的真彩图像数据，对颜色指标与其氮素含量进行了分析，发现红、绿、蓝分量与作物的总氮、叶绿素含量（SPAD值）以及硝酸盐含量均存在较高的相关性。Saberioon等[44]设计了不同氮肥的水稻胁迫实验，采集了4个关键生长周期的高时空分辨率图像，分析了水稻氮素含量与图像特征之间的关系，并在此基础上建立了水稻氮素评估模型，其模型的R^2为0.88。Vesali F等[19]开发了一款APP，为避免光照对结果造成的影响，他们利用手机通过接触式拍照的方式采集了玉米叶片图像，并将其与叶绿素值进行了相关分析，分别建立了逐步回归和神经网络模型，其中逐步回归模型的R^2和$RMSE$分别为0.74和6.2，神经网络模型的R^2和$RMSE$分别为0.82和5.1。Riccardi M等[45]在不脱离藜麦和苋菜植株的情况下，为方便图像采集，将作物叶子压在一个白色的背景板上拍照。然后应用RGB颜色空间的所有颜色分量来评价两种作物叶片的叶绿素含量；研究表明，与单一指标相比，多个指标建立的回归模型与植物叶绿素含量的相关性更好。Sulistyo S B[46-47]利用普通数码相机直接采集大田中的小麦图像，提取了RGB颜色空间的12个统计特征作为图像评价指标，并建立了小麦叶片氮含量预测的神经网络模型；结果表明，神经网络算法比其他单变量回归方法具有更好的性能。Cavallo D P等[48]采集了芝麻菜的数字图像，提取了RGB和La*b*颜色空间的12个颜色指标，分析了这些颜色指标与叶绿素含量间的关系，并建立了随机森林预测模型，经验证其模型R^2可达0.9。Zhou等[49]采集了拔节期冬小麦的叶片图像，分析了RGB空间各分量一阶矩和二阶矩与叶片叶绿素值之间的关系，并使用与叶绿素含量相关性最高的5个图像评价指标建立了最小二乘回归模型，其模型精度达到了0.65。Yuzhu H等[50]利用数码相机使用60°角、距植株1.2m的高度拍摄了辣椒植株开花和结果期的图像，并使用绿光标准值（NGI）建立了氮素评估模型，其R^2的值为0.62。Lee等[28]使用商用相机在自然光下拍摄了327张不同施肥处理、不同品种的水稻图像，提取了图像的归一化差异指数和冠层覆盖率以及红光值等颜色指标，并建立了回归模型，发现不同品种的水稻氮含量预测模型精度不同，精度变化在0.75~0.83之间。

1.3 研究内容和研究方法

本研究对基于数字图像处理技术的大田小麦叶绿素含量检测进行系统和完整的论述。通过开展田间环境小麦叶片尺度和群体冠层尺度的叶绿素成分检测研究，分析多颜色空间的图像特征与小麦矿质养分含量之间的关系，提出适合小麦叶绿素和氮素营养检测的图像评价指标集合，建立小麦叶片和冠层尺度下的定量检测模型，为实现小麦生产过程中的精细化管理以及化肥的合理利用提供科学指导。

以不同施肥水平的田间小麦为研究对象，以小麦叶绿素营养状况快速检测为目标，设计5种施肥水平的大田实验，利用小麦叶片及冠层数字图像数据，综合运用图像处理及数据挖掘技术，对小麦进行叶片和冠层尺度叶绿素定量分析，并建立相应的检测模型。主要研究内容如下：

（1）图像预处理及目标提取

采用数码相机获取小麦叶片和冠层图像样本，针对小麦叶片图像采用迭代分割算法将彩色图像与背景分离；分析拔节期小麦冠层图像的特点，提出冠层小麦图像分割方法，并将其与现有分割方法比较，验证本文方法的有效性。

（2）图像评价指标集构建

综合分析多个空间的颜色特性提取图像基本颜色指标，并针对 RGB 混合型颜色空间特点探索去除光照影响的有效方法。结合小麦颜色特征和生长特性，充分挖掘图像信息，构造新的图像评价指标，建立适合小麦矿质养分检测的图像评价指标集。

（3）叶片尺度叶绿素定量检测模型研究

利用不同施肥水平的小麦叶片图像，在图像评价指标集合的基础上，采用基于相关性分析的图像指标选择方法优选出最佳叶绿素成分检测指标子集。再结合相关度评价的逐步模型输入方式（correlation-based stepwise inputs，CBSI），利用机器学习算法建立叶片尺度叶绿素定量检测模型。

（4）冠层尺度叶绿素定量检测模型研究

利用小麦冠层图像数据，分析图像评价指标，确定田间小麦叶绿素检测最佳拍摄方案，并使用最佳图像数据结合相关性分析选择最优图像评价指标子集，基于 CBSI 结合机器学习算法建立冠层尺度叶绿素定量检测模型。

1.4　本章小结

本章主要阐述了课题的研究背景及意义。概述了当前基于数字图像的作物叶绿素成分检测研究现状，在此基础上阐述了本书的研究内容和研究过程。

2 实验准备及相关技术理论

2.1 实验数据获取

2.1.1 研究区域概况

本研究实验田位于河北省保定市清苑区石桥乡黄陀村河北农业大学示范田基地（北纬 N38°46′24.90″，东经 E115°32′33.23″）。该地区的气候类型为暖温带大陆性季风气候，年平均降水量550mm，平均气温12℃。

实验田土质为壤质潮土，占地面积约4000m^2，播种前的土壤理化数据为：有机质16.0g/kg，全氮0.8g/kg，速效磷13.2mg/kg，速效钾96.7mg/kg，管理模式按当地农民习惯。播种行间距约0.1m，实验所用氮肥为含氮量为46%的尿素。实验设计将实验田划分为15个区域，区域编号1~15，15个区域共设计5种不同施氮水平，分别为：不施用氮肥（记作N0）、施用氮肥100kg/hm^2（N100）、施用氮肥180kg/hm^2（N180）、施用氮肥255kg/hm^2（N255）、施用氮肥330kg/hm^2（N330），区域编号与氮肥施用量的对应关系见表2-1。

表2-1 区域编号与施氮水平对应关系

地块区域编号	施氮水平（kg/hm^2）				
	0	100	180	255	330
1，8，10				※	
2，9，13		※			
3，5，12					※
4，7，14			※		
6，11，15	※				

表注：※表示该施氮水平对应的地块编号。

2.1.2 实验品种简介

本研究以山东省农业科学院作物研究所培育的小麦品种——"济麦 22"为研究对象。该品种属半冬性，具有抗寒性好、分蘖性强、抗逆性强、成穗率和产量高等特点。因此，其适应性很广，是北方冬小麦推广的主要栽培品种之一。该品种属于中晚熟小麦品种，起身拔节偏晚，株高 65~75cm，株型紧凑，籽粒饱满，平均亩穗数 40.5 万，穗粒数 36.6 粒，平均亩产 700kg 左右。"济麦 22"以其广泛的适应性，已在山东、河北、河南、山西、天津、北京、安徽、江苏等地区种植。自 2006 年通过国家审定以来，"济麦 22"已连续多年稳居全国小麦年种植面积第一位。2009 年该品种打破了保持了 10 年的全国冬小麦高产纪录。因此，以"济麦 22"为研究对象，对我国小麦产量提高、农民经济发展、解决我国粮食供需矛盾等问题具有十分重要的意义，同时对我国农业产业结构调整和可持续发展有着积极的促进作用。

2.1.3 小麦图像数据获取

（1）实验器材准备

本研究使用的图像采集设备为 SONY 公司的 FDR-AXP35 4K 高清摄录一体机，该相机采用 1/2.3 英寸 Exmor R CMOS 影像传感器和卡尔·蔡司 Vario-Sonnar T* 镜头，具有光学防抖模式，同时可以进行 10 倍光学变焦。所拍摄图像的有效像素约为 829 万，最大像素可达 1890 万，图像分辨率为 3840×2140。为方便应用，图像采集时相机设置为光圈优先，自动白平衡，对焦模式和快门速度以及感光度等参数均使用相机默认设置。

（2）小麦叶片图像获取

拔节期是小麦生长过程中的关键阶段，同时也是其营养成分吸收和积累的重要时期，是小麦施肥的最佳时段之一 [57]。在小麦田间管理中，为了保证小麦生长发育后期的养分需求，一般情况下大田管理者会在小麦拔节期根据作物生长状况追施氮肥。因此，本文以拔节期小麦为研究对象，进行大田环境下小麦图像样本采集。

在进行图像采集时尽量避开极端天气，为避免光线不稳定，拍照时间安排在晴朗无云的 10: 00—14: 00 之间。在不损伤叶子的基础上采用原位采样，采样时相机镜头垂直于小麦叶片上方 30cm 处拍摄。为避免田间环境干扰，方便小麦叶片目标提取，图像拍摄时，紧贴叶片放置一张白色背景板。在实验田各区域随机选择长势均匀的小麦叶片 30 片，共计 450 张叶片图像样本（30×15=450），采集的图像样本如图 2-1 所示。

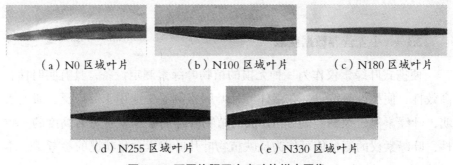

（a）N0 区域叶片　　　（b）N100 区域叶片　　　（c）N180 区域叶片

（d）N255 区域叶片　　　（e）N330 区域叶片

图 2-1　不同施肥区小麦叶片样本图像

（3）小麦冠层图像获取

与小麦叶片图像采集相同，避免光线不稳定的天气和时间，图像采集时，将相机安装在一个三脚架上，固定相机镜头距离小麦冠层上方 1m 位置。同一个被摄区域分别使用相机与地面夹角 90° 和 60° 两个拍摄角度采集图像。每小区随机选取 6 块区域，共计 180 张图像（6×2×15=180）。为方便后续研究，在不改变图像分辨率的前提下，将所有小麦冠层原始图像裁剪成大小为 1200×1965 像素的图像，采集的图像样本如图 2-2 所示。

（a）N0 区域 90° 拍摄　　（b）N100 区域 90° 拍摄　（c）N255 区域 60° 拍摄　（d）N330 区域 60° 拍摄

图 2-2　不同施肥区小麦冠层样本图像

2.1.4　小麦营养数据获取

便携式叶绿素仪作为一种无损的植物叶绿素测定设备，具有实时性、高效性、便携性等特点，在活体叶片叶绿素测量中应用十分广泛。研究表明，叶绿素测定仪测定的 SPAD 值与植物叶片的叶绿素含量有高度的一致性，叶绿素仪的测量值可作为反映植物叶片叶绿素含量状况的参考[58]。本文使用的叶绿素仪为 SPAD-502PLUS 便携式叶绿素仪（Minolta Camera Co., Osaka，Japan）。

（1）小麦叶片尺度叶绿素含量获取

在采集小麦叶片图像的同时获取叶片叶绿素含量。每次完成图像采集后，立刻用叶绿素仪分别夹取该片叶片的叶尖、叶中和叶基部，每个部位重复 3 次，共 9 个测量值，取 9 次测量值的均值作为该叶片的叶绿素含量值。

（2）小麦冠层尺度叶绿素含量获取

与叶片叶绿素含量获取类似，在采集完小麦冠层图像样本后，在被摄区域内随机选择 20 片冠层叶片进行叶绿素含量测量。冠层叶片叶绿素测量参照"（1）小麦叶片尺度叶绿素含量获取"。将20片冠层叶片的叶绿素含量均值作为该幅图像对应的叶绿素含量值。

2.2 数字图像相关知识

2.2.1 颜色空间选择

颜色是人眼对光的视觉感受，人类对色彩的辨认实际是肉眼受到电磁波辐射的刺激后视觉神经的感受。为便于颜色的表示和使用，国际照明委员会（Commission International Eclairage，CIE）提出了将颜色数字化的概念，建立了颜色空间模型。最常见的颜色空间是 RGB 颜色空间和将亮度与色彩分开表示的 HSI 颜色空间以及 CIE 基于人眼对色彩感知提出的 La^*b^* 颜色空间。

大田环境的光照复杂，RGB 颜色空间各单色分量均包含亮度信息，而 HSI 和 La^*b^* 颜色空间是将色彩与亮度分离的颜色空间，引入这些空间可以在一定程度上减少光照信息对结果的干扰影响。此外，小麦氮素的易转运性可能会造成 RGB 颜色空间的信息获取偏差，而 HSI 和 La^*b^* 颜色空间是在 RGB 颜色空间基础上的非线性变换，这些变换可以在一定程度上矫正 RGB 颜色空间的叶色偏差，进而提高图像颜色信息对小麦叶绿素含量的解释能力[62]。

（1）RGB 颜色空间

RGB 颜色空间是显示系统最常用的混合型颜色空间模型。RGB 颜色空间包含红、绿、蓝三个颜色分量。空间中的任何色光都可使用 R、G、B 三种分量的不同比例相加混合而成，即：$F=a_1[R]+a_2[G]+a_3[B]$[63]。其中 a_1，a_2，a_3 分别为红、绿、蓝三分量的系数。

该颜色模型对应笛卡尔坐标系中的一个立方体，如图 2–3 所示。其中 R、G、B 分别代表三个坐标轴，这个立方体的棱长为 255，坐标原点表示三个分量均取 0 值，表示的颜色为黑色；当所有的值都取最大棱长 255 时，表示的颜色值为白色。三个分量中的任一分量改变都会引起物体颜色的改变。RGB 空间作为最常用、最基本的颜色空间，常被数码相机、摄像机、手机以及扫描仪等成像设备使用，它是一个与设备有关的颜色空间，同时它也可以通过计算转换到其他颜色空间。

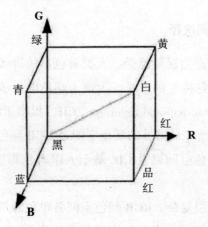

图 2-3 RGB 颜色空间模型

（2）HSI 颜色空间

光照的变化会引起物体颜色呈现出不同的变化，与混合型颜色空间不同，HSI 颜色空间将亮度与色彩分开表示。该颜色空间使用三个独立的分量：色度 H（Hue）、饱和度 S（Saturation）以及亮度 I（Intensity）。用色度和饱和程度来描述对一个物体色彩的感知，这种颜色空间将光亮程度 I 与颜色剥离开表示，可以使颜色的表示更直观，也更符合人眼视觉对颜色的认知。

HSI 颜色空间是一个面向色彩处理的空间，它是一个双棱锥结构，如图 2-5 所示。H 分量是与波长有关的分量，表示人的视觉神经对物体颜色的感受。S 是饱和度，表示颜色的纯度。把纯光谱定义为完全饱和光谱，饱和度值越高表示物体颜色越鲜艳，白色光加入纯光谱会稀释其饱和程度，这时物体颜色看起来也就越暗。如图 2-5 左边三角所示，三角中心的饱和度最小，由内而外扩散，饱和度逐渐增加，颜色也越来越鲜艳。I 是亮度也就是图像的明亮程度，图2-4右侧双棱锥模型中，由最中间的横截面向上逐渐变亮，向下逐渐变暗。在HSI颜色空间中，亮度I是与物体色彩无关的信息，其余两个分量则与人的视觉神经对颜色的感知方式一致，故HSI非常适合对物体色彩特性分析检测时使用。

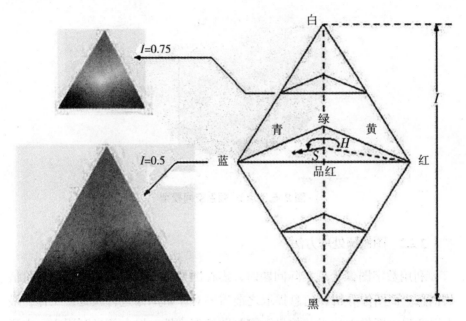

图2-4　HSI颜色空间模型

（3）La*b*颜色空间

相较于RGB和HSI颜色空间，La*b*颜色空间是一个不经常使用的颜色表示模型。La*b*颜色空间是由一个亮度通道和两个颜色通道构成的。分量L表示亮度通道，即整幅图像的黑白控制；其余两个分量a*和b*分别表示从绿色（通道里的黑色）到红色（通道白色）和从蓝色（通道黑色）到黄色（通道白色）。这两个通道的中间值也就是50%中性灰表示没有颜色，如图2-5所示。La*b*是一个与设备无关的均匀色彩空间，它同样基于人对物体颜色的感知设计，是人类视觉感知的数字化体现，同时该颜色空间可以表示的色域远超人类所能感知到的颜色范围。

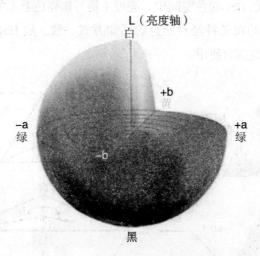

图2-5 La*b*颜色空间模型

2.2.2 图像预处理方法

利用数字图像处理实际问题时，需在图像中提取对待解决问题有价值的信息。而图像分析和信息提取之前需要对原始图像进行预处理工作，最大限度消除图像中的无关信息，恢复图像真实性，提高信息利用率。本研究涉及的图像预处理方法主要有图像有效信息的分割、分割图像的形态学处理两种。分割是为了将小麦有效信息从复杂的背景中提取，形态学处理是为了将提取的小麦图像做进一步优化，最大限度地挖掘图像有效信息。

2.2.2.1 图像分割方法

图像分割是把原始图像根据限定条件划分为多个有意义的区域，其实质是对所有像素点进行分类的过程。这种分类的限定条件可以是图像的灰度级别、颜色特征、图像的空间特性以及纹理属性等。根据这些分类准则，传统的图像分割方法大致可以分为三类：基于阈值的分割方法、基于区域生长的分割方法以及基于边缘检测的分割方法。对于小麦图像主要是依据不同颜色空间的颜色值进行分割[31, 64]。目前研究的方法大致分为两种：基于阈值的分割算法和基于聚类分析的分割算法[65]。

（1）迭代阈值分割

迭代分割是一种单阈值分割算法，需要将图像进行灰度化，大致步骤如下：

Step1 预先设定两个阈值的差值 dt；

Step2 设定初始估计参数 ω_1；

Step3 用阈值 ω_1 将图像分为大于 ω_1 的部分 S_1 和小于等于 ω_1 的部分 S_2；

Step4 分别求出 S_1 和 S_2 全部像素的灰度平均值；

Step5 根据其平均值重新设置阈值 ω_2；

Step6 重复执行 Step3~Step5，直到迭代阈值差小于 dt 为止。

（2）聚类分割

K 均值聚类（K-Means）是一种无监督的分类方法，它通过度量像素间的相似性，将像素点分类，以完成图像分割，K-Means 具体内容如下：

K-Means 算法原理：首先在数据集 $Data$ 中随机选择 k 个对象作为聚类中心，其余数据根据本身与聚类中心之间的距离来衡量自身是否属于该聚类中心，然后根据聚类的均值重新确定聚类中心，进行循环迭代，直至满足收敛条件或符合预设精度为止。

收敛函数：设数据集 $Data$ 中有 n 个对象，$Data=\{x_1, x_2, x_3, \cdots x_n, \}$，将此数据集划分为 K 个分组（$Z_1, Z_2, Z_3 \cdots Z_K$），设属于第一个中心点数据数量为 n_1，K 个分组中，每一类 Z_r 的平均值为（$a_1, a_2, a_3 \cdots a_r$），则其收敛函数定义为 $S = \sum_{r=1}^{K} \sum_{i=1}^{n_K} \parallel x_i - a_r \parallel^2$。

距离测度：在 K-Means 算法中常用的距离一般有三种：欧氏距离、马氏距离以及曼哈顿距离。欧式距离表示空间内两点间的直线距离，如公式 2-1 所示。马氏距离是通过计算两个数据点之间的协方差距离来衡量样本间的相似性。曼哈顿距离也叫城市距离，是欧式空间固定直角坐标系中两个点所形成的线段对轴产生投影距离的总和。在处理图像分割问题时，一般采用两点间的绝对距离即欧式距离作为像素点间的相似性衡量标准。

$$d(i,j) = \sqrt{(x_{i1} - x_{j1})^2 + (x_{i2} - x_{j2})^2 + (x_{i3} - x_{j3})^2 + ...(x_{in} - x_{jn})^2}$$

（2-1）

其中，$i = (x_{i1}, x_{i2}, x_{i3}, ..., x_{in})$ 与 $j = (x_{j1}, x_{j2}, x_{j3}, ..., x_{jn})$ 与为维数为 n 的数据对象。K-Means 算法是数字图像中最常用的分割算法之一，通常能取得不错的效果。

2.2.2.2 形态学处理

形态学处理是使用数学集合的思想，通过物体和结构元素相互作用的运算以获得物体本质形态的一种方法。其基本运算包括：腐蚀、膨胀以及开、闭运算四种。腐蚀和膨胀是形态学处理的两个最基本操作，通过对图像的腐蚀或膨胀操作，可以消除图像分割算法带来的图像细小误差。对图像的腐蚀操作，是将图像细小粘连部分进行分离，此操作的目的是消除细微噪声，如图 2-6 所示，黑色部分进行腐蚀操作后，黑色领域被"蚕食"，其领域面积减小。而膨胀操作是将原本不相连的物体进行合并，在图像处理中，这样的操作可以填充因图像分割操作带来的细小空洞，如图 2-7 所示，经过膨胀操作后，图像中黑色部分扩张，拥有了更大的面积。

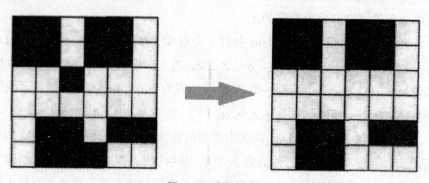

图 2-6　腐蚀操作

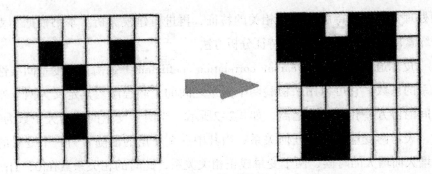

图2-7　膨胀操作

　　开、闭运算是形态学处理中最重要的组合运算。对图像先进行腐蚀操作，再进行膨胀操作称为开运算，反之则称为闭运算，但开闭运算并不是互为逆运算的操作。开运算的目的是消除分割不完全的小区域，即消除噪声，而闭运算则是用于填补由于过分割造成的前景孔洞。

2.3　特征分析方法

　　在使用计算机算法处理回归或者分类问题时，除了针对问题选择合适的模型，更重要的是挖掘样本数据集存在的特征。特征分析是为了从原始数据集中提取出有价值的特征信息供建模使用。样本数据集的原始特征一般可以分为三类：

　　①相关特征：对于目标任务可以提供有效帮助的特征，即这些特征可以提升算法性能和模型效果。

　　②无关特征：对于目标任务无任何有效帮助的特征，即这些特征的加入不会对算法性能或模型效果产生积极影响。

　　③冗余特征：与之前特征集中的一个或多个特征类似或重复的特征，这类特征的加入不会对算法或模型提供任何新的决策信息。

　　处理实际问题时，当全部原始特征输入模型时，模型往往并不能自动识别特征种类，由于无关或冗余特征的参与，回归或分类模型精度和性能将会受到影响。因此，在进行回归或分类建模之前，需要先对数据集进行预处理，选出与待解决问题相关的特征，再进行建模分析。本书根据小麦叶绿素检测问题选择了两种特征分析方法。

皮尔逊相关系数（Pearson correlation coefficient）是衡量两变量间线性关系的系数，它可以用来检验两个变量之间的关联程度。其定义为两个变量间的协方差和标准差之商，如式2-2所示。当两个变量间的相关系数为0时，表示两变量间没有任何关系；当其中一个变量的值随着另一个变量的值增大而增大的时候，两个变量成正相关关系，此时的相关系数在[0，1]；反之，当一个变量值随另一个变量值增加而减小时，两变量即为负相关关系，此时相关系数在[-1，0]。

$$\rho = \frac{\sum_{i=1}^{n}(x_i-\bar{x})(y_i-\bar{y})}{\sqrt{\sum_{i=1}^{n}(x_i-\bar{x})^2(y_i-\bar{y})^2}} \tag{2-2}$$

其中，n 是样本量，x_i 和 y_i 分别对应的是两个变量值。

由式2-2可知，相关度（相关系数绝对值，下同）越大，标志着两变量间的相关关系越强；相反的，绝对值越接近于0表示二者的相关关系越弱。一般的，相关程度的判断标准如下[66]：

当两变量间的相关度在 0.8~1.0 之间时，认为变量间极强相关。

当两变量间的相关度在 0.6~0.8 之间时，认为变量间强相关。

当两变量间的相关度在 0.4~0.6 之间时，认为变量间相关。

当两变量间的相关度在 0.2~0.4 之间时，认为变量间弱相关。

当两变量间的相关度在 0.0~0.2 之间时，认为变量间极弱相关或无相关。

2.4　模型构建方法

在利用图像检测植物叶绿素成分状况时，最重要的环节就是模型构建。本研究的最终目的是利用建模方法建立最优数学模型进行小麦叶绿素定性或定量分析。本文涉及的定量建模算法有 LR、RR、RF 以及 BP-ANN；涉及的定性建模算法有决策树（DT）、KNN 和 NB。

（1）线性回归

线性回归（Linear Regression，LR）是一种常用的多元回归方法，广泛应用在基于数字图像的作物营养监测研究中。图像中有多个特征参与建模，会形成多个自变量一个因变量的对应关系。假设参与建模的图像样本数量为 N，每个样本有 k 个特征。

$$\begin{cases} y_1 = a_0 + a_1x_{11} + a_2x_{21} + \cdots + a_kx_{k1} \\ y_2 = a_0 + a_1x_{12} + a_2x_{22} + \cdots + a_kx_{k2} \\ \qquad\qquad \cdots\cdots \\ y_N = a_0 + a_1x_{1N} + a_2x_{2N} + \cdots + a_kx_{kN} \end{cases} \qquad （2-3）$$

其全部系数确定如下：

$$\varphi(a_0,a_1,a_2,\cdots,a_k) = \sum_{i=1}^{N}(y_i - \hat{y}_i)^2 = \qquad （2-4）$$

$$\sum_{i=1}^{N}((y_i - a_0 - a_1x_{1i} - a_2x_{2i} - \cdots - a_kx_{ki}))^2$$

要使得式 2-4 所求达到极小，对 a_0，a_1，$\cdots a_k$ 求偏导，偏导等于 0 的点即为极值点。得到式（2-5）。

$$\begin{cases} \frac{\partial \varphi}{\partial a_0} = -2\sum_{i=1}^{N}(y_i - a_0 - a_1x_{1i} - a_2x_{2i} - \cdots - a_kx_{ki}) = 0 \\ \frac{\partial \varphi}{\partial a_1} = -2\sum_{i=1}^{N}(y_i - a_0 - a_1x_{1i} - a_2x_{2i} - \cdots - a_kx_{ki})x_{1i} = 0 \\ \qquad\qquad \cdots\cdots \\ \frac{\partial \varphi}{\partial a_k} = -2\sum_{i=1}^{N}(y_i - a_0 - a_1x_{1i} - a_2x_{2i} - \cdots - a_kx_{ki})x_{ki} = 0 \end{cases} （2-5）$$

整理得：

$$\begin{cases} l_{11}a_1 + l_{12}a_2 + \cdots + l_{1k}a_k = l_{1y} \\ l_{21}a_1 + l_{22}a_2 + \cdots + l_{2k}a_k = l_{2y} \\ \qquad\cdots\cdots\cdots\cdots\cdots\cdots \\ l_{k1}a_1 + l_{k2}a_2 + \cdots + l_{kk}a_k = l_{ky} \end{cases} \qquad （2-6）$$

$$a_0 = \bar{y} - a_1\bar{x}_1 - a_2\bar{x}_2 - \cdots - a_k \qquad （2-7）$$

其中

$$\begin{cases} l_{it} = l_{ti} = \sum_{m=1}^{N} x_{im} x_{tm} - \frac{1}{N} \left(\sum_{m=1}^{N} x_{im} \right) \left(\sum_{m=1}^{N} x_{im} \right) \\ l_{iy} = \sum_{m=1}^{N} y_m x_{im} - \frac{1}{N} \left(\sum_{m=1}^{N} x_{im} \right) \left(\sum_{m=1}^{N} y_m \right), \text{i,j} = 1,2,\cdots,k \end{cases} \quad （2\text{-}8）$$

$$\bar{y} = \frac{1}{N} \sum_{m=1}^{N} y_m , \bar{x}_1 = \frac{1}{N} \sum_{m=1}^{N} x_{im} , i = 1,2,\cdots K \quad （2\text{-}9）$$

根据式（2-7）和式（2-8）即可求得全部系数。

（2）岭回归

岭回归（Ridge Regression，RR）是专门用来处理自变量多重共线性问题的有偏估计方法。自变量存在共线问题时，最小二乘估计得到的回归系数过大，从而导致回归结果不稳定。RR 摒弃了最小二乘估计的无偏性，以降低一些精度为代价获取更稳定可靠的回归结果。对于病态数据的处理，RR 表现出了明显的优势。本研究提取的图像特征，尤其是颜色特征之间可能存在着共线性现象，故 RR 为合适的建模算法之一。最小二乘估计的损失函数：

$$J(\theta) = \frac{1}{m} \sum_{i=1}^{N} \left(y^{(i)} - (wx^{(i)} + b) \right)^2 \quad （2\text{-}10）$$

而 RR 的损失函数在其基础上增加了一个正则化项，变为：

$$J(\theta) = \frac{1}{m} \sum_{i=1}^{N} \left(y^{(i)} - (wx^{(i)} + b) \right)^2 + \alpha \parallel W \parallel_2^2 \quad （2\text{-}11）$$

其中，W 为长度为 N 的向量。为方便导数计算，将形式变为：

$$J(\theta) = MSE(\theta) + \alpha \sum_{i=1}^{N} \theta_i^2 = \frac{1}{2} MSE(\theta) + \frac{\alpha}{2} \sum_{i=1}^{m} \theta_i^2 \quad （2\text{-}12）$$

其中 N 为样本数量，m 为特征数量。

由上述公式可知，$J(\theta)$ 为凸函数，对其求导得出导数为 0 点即为全局最优解，写为矩阵形式得：

$$\theta = (X^T X + \alpha I)^{-1} (X^T y) \quad （2\text{-}13）$$

RR 在最小二乘估计基础上增加了 αI 项，I 表示单位矩阵，当 $X^T X$ 不满秩时，增加此项可保证该矩阵项可逆。模型复杂程度的上升，会使其在训练数据上表现出的偏差越小，但越贴合训练数据的模型，在测试数据上往往表现不佳，也就是模型可能会过拟合，从而导致模型的方差升高；α 为正则化项参数，α 的增大会使 $(X^T X + \alpha I)^{-1}$ 减小，进而使模型的方差减小，而 α 增大同时会带来 θ 的估计偏离实测值，造成模型偏差变大。

（3）随机森林回归

随机森林（Rando m Forest，RF）是利用多棵树对样本数据进行训练的一种分类器，它通过集成学习的思想将多棵子树集成为一种算法。本文使用的 RF 子树为 CART（Classification And Regression Tree）。CART 的主要功能是从一个有特征和对应标签的数据集中，通过对特定特征进行提问，得出一系列决策规则，并将这些规则用子树的形式展现出来。其核心问题有两个：如何找到正确的特征提问和树停止生长的条件。

针对正确特征寻找问题，使用的是衡量分支质量的指标——不纯度。每次分枝后 CART 便对所有特征分别进行不纯度计算，并选择纯度最高的特征进行分枝。经过迭代操作，每得到一层分枝，整棵树的纯度就会得到提升，直到没有特征可用或整体纯度指标最优时，树停止生长。

RF 使用了多个 CART，并在普通 CART 基础上做了改进，CART 在使用时是在样本特征中选择最优的个体作为子树划分，而 RF 是选择节点上的多个样本特征作为特征子集，再在特征子集上选择最优的一个特征进行子树划分，此操作可以增强模型的泛化能力。本文使用 RF 处理回归问题，RF 中的不纯度为决策树不纯度的加权和，其计算公式为：

$$G(x_i, v_{ij}) = \frac{n_{left}}{N_s} H(X_{left}) + \frac{n_{right}}{N_s} H(X_{right}) \tag{2-14}$$

其中，x_i 为特征，v_{ij} 为该特征对应的特征值，n_{left}，n_{right} 以及 N_s 分别为切分后的左子节点和右子节点中训练样本个数以及当前节点中包含的所有训练样本数；n_{left} 和 n_{right} 分别为两个子节点的训练样本集合；$H(X)$ 为不纯度函数。本文使用的不纯度函数为平方平均误差 *MSE*，针对某一特征不纯度为：

$$G(x_i, v_{ij}) = \frac{1}{N_s} \left(\sum_{y_i \in X_{left}} (y_i - \bar{y}_{left})^2 + \sum_{y_j \in right} (y_j - \bar{y}_{right})^2 \right)$$

（2-15）

（4）人工神经网络

人工神经网络（Artificial Neural Network，ANN）又叫多层感知器，是一种非线性回归算法。本文采用误差反向传播算法（Back Propagation，BP）对 ANN 模型进行训练，因此，此网络模型又称 BP 人工神经网络（BP-ANN）。它分为输入层、隐含层和输出层三部分，其中隐含层的个数不限，最简单的 BP-ANN 只包含一个隐含层也就是三层网络结构。如图 2-8 所示，最左边一层是输入层也就是本文中图像信息层，中间的是隐含层，最右边一层是输出层也就是本文中的植物营养成分含量层。从图中可以看出 BP-ANN 结构的各层之间是全连接的。图像信息经预处理并赋予权重后由输入层传入隐含层，进一步完成权重和偏置的计算，隐含层输出的是 $f(W_1X+b_1)$，其中 W_1 是权重，b_1 是偏置，f 为激活函数。信息经过激活函数处理后，进入输出层得到输出结果。在该模型的训练过程中，每一层的节点仅受上一层节点影响，且同层节点之间互不影响。如果输出层输出的结果没有达到预期精度或预设条件，则进入反向传播，将结果反向传回隐含层和输入层，根据传播信息修改每个神经元节点对应的权重，使下一次输出层输出的结果精确度更高，误差更小，反复迭代直至满足预设条件的次数或精度训练结束。其训练过程就是对于给定的训练集，同时调整模型的权重和偏置使其输出结果尽量接近实测值的过程。

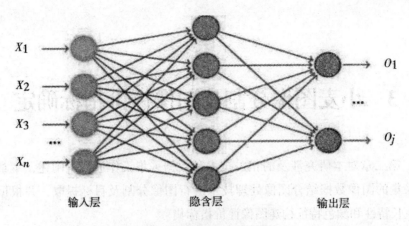

X_1
X_2
X_3
$\cdots$
X_n

O_1
$\cdots$
O_j

输入层　　　　　　　隐含层　　　　　　　输出层

图 2-8　神经网络拓扑结构图

2.5　本章小结

本章首先介绍了文中所使用的实验田以及实验样品概况。然后详细介绍了本文的样本收集及实验设计，包括图像样本的收集、叶绿素含量获取及小麦产量信息。之后介绍了本文中涉及的一些图像知识及图像预处理的方法。最后介绍了文中涉及的特征分析方法和使用的建模算法。

3 小麦图像分割及图像评价指标确定

第二章对本研究涉及的相关技术和数据采集工作进行了阐述，本章使用采集的图像数据结合图像处理技术进行图像分割及目标提取，并根据小麦生长特性和颜色特征构建图像评价指标集。

3.1 引言

在处理问题时，所有的输入信息都需数字化，才能被计算机程序识别。原始数字图像不能直接应用于植物营养成分检测，需进行图像信息提取，筛选出有价值的信息为后续数据分析和处理提供基础。本章主要研究图像评价指标的提取方法以确定图像评价指标集。

采集的小麦原图中除小麦目标图像外，还包含背景信息。在目前利用数字图像处理技术获取农作物生长参数的研究中，针对目标提取的研究多采用普通图像处理软件获取，较少针对特定农作物进行图像分割及目标提取方法的研究。另外，针对图像特征的提取问题，目前的研究大多集中在挖掘 RGB 空间的颜色特征上，综合其他颜色空间和其他性状特征，构建特征集合的研究较少。本章在图像评价指标提取时，首先使用分割算法进行图像分割，提取研究对象，在仅包含研究对象的图像中进一步提取基本图像评价指标；然后在基本指标的基础上结合小麦生长特性组合或构造出与小麦叶绿素检测相关的高层次评价指标；最后得到小麦叶绿素检测的图像评价指标集，具体方法如图 3-1 所示。

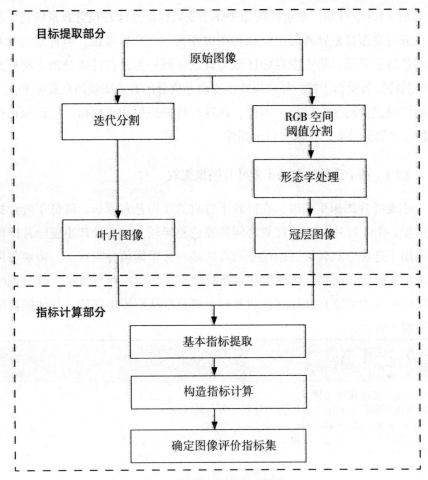

图 3-1　图像评价指标提取方法

3.2　图像分割及小麦目标提取

图像分割是把图像按一定特征分割成一致或相似的不同区域，它是图像预处理中的关键步骤。图像分割的质量直接影响着图像评价指标提取的结果和检测模型的精度。常见的分割算法有阈值分割和聚类分割两种，相较于聚类分割，阈值分割法计算量小，性能稳定，适合农田智能控制设备上使用。

由 2.1.3 节可知，采集的图像中除小麦目标信息外还包含背景信息。程序在进行数据批量处理时会默认将图像作为一个整体考虑，但背景与叶片的颜色特征不同，将小麦目标区域与背景区域一并进行特征分析会使研究对象的特征值受到干扰，导致反映小麦营养成分的有效图像信息发生变化，进而影响模型的预测结果。因此，在进行特征提取和建模前，要将原始图像的背景部分分离，提取出目标图像。

3.2.1 基于迭代分割的小麦叶片图像提取

小麦叶片图像采集时，在叶片下方放置了白色背景板，降低了叶片提取难度。由于叶片目标和背景之间的颜色差异较大，在处理小麦叶片图像时采用了迭代分割算法。迭代分割算法是一种单阈值分割算法，需要将图像进行灰度化，而在后续图像评价指标提取时需考虑颜色特征，故分割时要在保证不改变原有叶片颜色的基础上将背景从原图中剔除。具体的算法流程如下所示。

输入：小麦叶片原图
输出：分割后的叶片图像

1. 将图像灰度化得图像 P_{gray}；
2. 求出图像最大和最小灰度值，分别记为：Z_0 和 Z_1；
3. Let $\omega_1 = (Z_0 + Z_1)/2$；
4. if 像素 i（i $\in P_{gray}$）$\geqslant \omega_1$；
5. then i in S_1；
6. else；
7. i in S_2；
8. 分别求出 S_1 和 S_2 部分全部像素的平均值，m_1 和 m_2；
9. $\omega_2 = (m_1 + m_2)/2$；
10. if $|\omega_2 - \omega_1| < 0.01$，then ω_2；
11. $\omega_2 = \omega_1$；
12. repet 4–9；
13. 将分割图像与原彩色图像进行运算得到彩色目标图像．

3.2.2 基于 RGB 颜色空间灰度阈值的小麦冠层图像分割

与小麦叶片图像不同，冠层图像包含的信息复杂。图像中除小麦植株外，还包含杂草、土地等背景，且返青后由于麦苗不断生长，造成冠层叶片重叠，导致同一张图像样本中的叶片相互遮挡，光线分布不均，从而增大了图像分割的难度。

目前不存在一种分割算法适用于所有图像的分割问题，只有根据不同需求，设计适合研究对象的方法。本研究对图像样本归纳分析后发现小麦冠层图像中包含的元素大致分四类，即土壤、杂草、叶片遮挡形成的阴影以及需要提取的目标图像。本书选取了 20 张图像，每张图像中随机裁剪出 6 块带有上述特征的区域（小麦冠层、背景、阴影各 2 块），分析其颜色特征。

（1）土壤背景颜色特征分析

提取了 40 块（20 张图像中每张各 2 块）背景区域碎片 RGB 空间各像素点灰度值，随机选择了其中部分像素点，观察其分布规律，如图 3-2 所示。

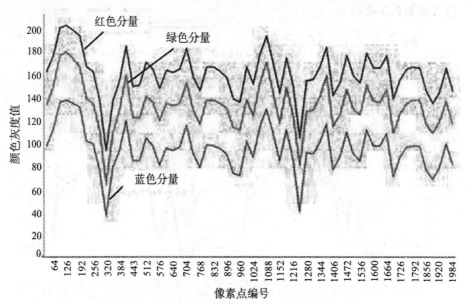

图 3-2　背景颜色三分量值比较

图 3-2 中横坐标为像素点编号，纵坐标为灰度值，由图可知，三分量的灰度值大多分布在 40~200 之间，总体趋势相同，且绝大多数像素点的红色分量值最高，其次是绿色分量，蓝色分量值最低。背景像素点的灰度值

分布可表示为式 3-1。

$$r_{ij} > g_{ij} > b_{ij} \tag{3-1}$$

其中，r_{ij}，g_{ij}，b_{ij} 分别为对应像素点在 R，G，B 通道的灰度值，i，j 分别为该像素点在图像中的位置坐标。

（2）小麦冠层颜色特征分析

分析了小麦冠层区域像素点灰度值的分布情况，如图 3-3 所示，RGB 颜色空间各像素点三分量的走势大体一致。其中绿光波段的反射率远远高于红光波段和蓝光波段，同时红、蓝两色灰度值相差不多，同一像素的红色分量灰度值略高于蓝色分量。所有像素的红色和蓝色灰度值大致落在 20~190 之间，而绿色分量的值稍高，大致分布在 70~250 之间。小麦冠层颜色三分量关系如式 3-2 所示。

$$(g_{ij} > r_{ij}) \cap (g_{ij} > b_{ij}) \tag{3-2}$$

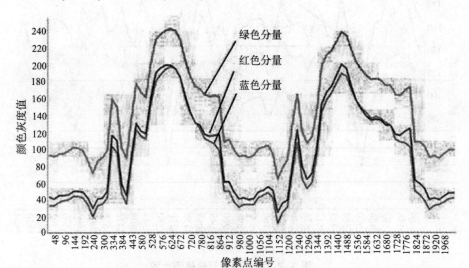

图 3-3 冠层颜色三分量值比较

（3）阴影区域颜色特征分析

阴影区域的形成是由于小麦叶片遮挡太阳光的照射。光沿直线传播，不能穿透叶片造成下层叶片或土地上形成了较暗的区域。这些区域大致分为两种情况：一种是上层叶片遮挡了下层叶片而形成的叶片阴影；另一种是叶片遮挡了背景土壤，在土壤上形成的阴影区域。阴影区域各分量灰度值分布如图 3-4 所示。阴影区域像素颜色三分量的灰度值分布与冠层和土壤像素灰度值分布差异较大。由图可知，由于阴影是光照缺乏的区域，故该区域内的像素灰度值普遍较低，跨度较小。其中绿色和红色分量大致分布在 20~65 之间，蓝色分量大致分布在 8~50 之间。绿色分量灰度值较高，其次是红色分量，蓝色分量最低，比较红绿两分量灰度值差异，可以得出式 3-3：

$$|g_{ij} - r_{ij}| < \delta \qquad (3-3)$$

其中，δ 为阈值。

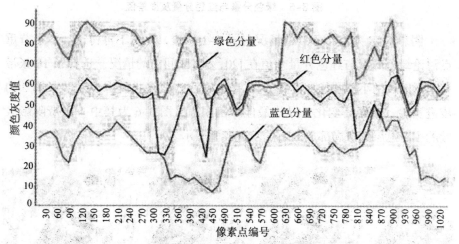

图 3-4 阴影部分颜色三分量值比较

为确定 δ 区间，分析了阴影区域图像像素点，并绘制 G-R 分布图，如图 3-5 所示。由图可知阴影部分像素绿色分量与红色分量之差大致落在两个区间，即小于 0 的区间（此时，红色分量值大于绿色分量值）和 20~30 区间内。

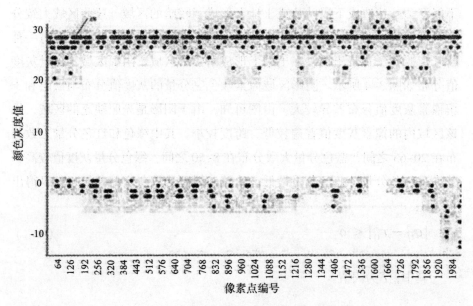

图 3-5　绿色分量与红色分量灰度差值

　　阴影 G-R 差值小于 0 的情况与式 3-1 一致，本节不再讨论。本小节重点讨论绿色分量与红色分量差值在 [20，30] 区间内的情况。选择了 10 张带有阴影区域的小麦图像，设置 G-R 起始值为 20、终止值为 30、步长为 2 的步进实验，观察其变化，寻找最佳分割阈值，图 3-6 为其中一张带阴影区域的小麦冠层图像局部放大后的步进实验展示。

（a）原图　　　　（b）δ=20　　　　（c）δ=22　　　　（d）δ=24

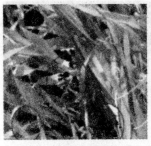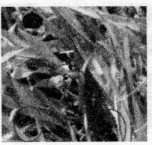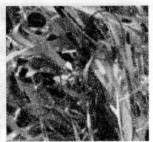

（e）δ=26   （f）δ=28   （g）δ=30

图3-6　阈值选取实验

由图可知，当阈值设置为20~26之间时，光线较暗区域的部分土壤及遮挡较严重的叶片轮廓边缘处的土壤被误分割为目标图像。当阈值设置为30时，图像出现了严重的过分割现象。因此本文将阈值设置δ为28。具体的小麦冠层阈值分割过程如下所示。

输入：小麦冠层原图
输出：分割后的冠层图像

1. 获得原图像的高度 h 和宽度 w；
2. for i = 1 ： h；
3. for j = 1 ： w；
5. 获取图像像素 r_{ij}，g_{ij}，b_{ij}；
6. if 像素点满足式（3-1）∩（3-3）；
7. 令该像素点 $r_{ij}=0$，$g_{ij}=0$，$b_{ij}=0$；
8. else；
9. r_{ij}，g_{ij}，b_{ij} 保持不变；
10. 图像合并；
11. 形态学处理．

3.2.3　小麦目标图像提取结果分析

3.2.3.1　小麦叶片图像提取结果

根据3.2.1节的图像分割流程将图2-2进行分割，分割后的结果如图3-7所示，经迭代分割，不同施肥水平下的小麦叶片均可以被较完整地提取出来。

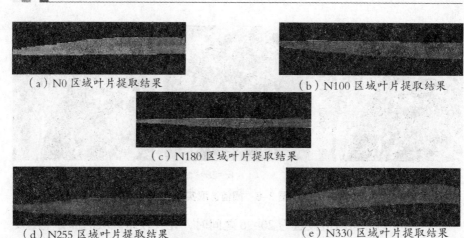

（a）N0 区域叶片提取结果　　　　　　（b）N100 区域叶片提取结果

（c）N180 区域叶片提取结果

（d）N255 区域叶片提取结果　　　　　（e）N330 区域叶片提取结果

图 3-7　小麦叶片目标提取结果

3.2.3.2　小麦冠层图像提取结果

（1）目标提取结果

根据 3.2.2 节的阈值分割方法，将图 2-3 进行图像分割和形态学处理。不同条件下采集的小麦冠层图像进行目标提取结果如图 3-8 所示。

（a）N0-90°　　　（b）N100-90°　　　（c）N255-60°　　　（d）N330-60°

图 3-8　小麦冠层目标提取结果

（2）目标提取结果对比分析

小麦冠层尺度图像样本大致分为 3 类：光照均匀的图像、光照不均匀且存在大面积阴影的图像以及光照不均匀存在复杂背景的图像。为验证小麦阈值分割算法的有效性，本节从上述三方面将本文方法与 H 分量 K 均值聚类算法进行比较（为方便显示，以下图像均进行了局部放大），H 分量 K 均值聚类算法即先将原始图像转换至 HSI 模式图像，再将像素点进行一次 K 均值聚类（以下简称 H-K）。

①光照均匀的图像分割结果对比。在处理光照均匀的图像分割时，本文算法表现出了良好的分割能力，而 H-K 算法在某些叶片上出现了轻微的过分割现象，如图 3-9 红色区域所示。

（a）原图　　　　　　　　（b）H-K 分割效果　　　　　（c）本文方法分割效果

图 3-9　光照均匀的图像分割

②光照不均匀存在阴影的图像。由图 3-10 可知，在处理大面积阴影区域时两种算法均表现出较好的分割效果，但在小面积阴影区域分割时，H-K 算法的分割效果不理想。出现这一现象的原因可能是小面积阴影一般是由细小或稀疏的叶片遮挡形成的，这类区域整体光照较强，小叶片在遮挡下反射率较低，会出现与阴影下的土壤更接近的明暗程度。

（a）原图　　　　　　　　（b）H-K 分割效果　　　　　（c）本文方法分割效果

图 3-10　光照不均含阴影图像分割

③光照不均匀背景复杂的图像。H-K在细小叶片以及明暗变化明显、背景杂乱的图像区域对叶片的分割不够理想。对土壤、干草、阴影交错区域的细小叶片易出现过分割现象。本算法在此类区域中，能较大程度地剔除背景保留叶片信息。

（a）原图　　　　　（b）H-K分割效果　　　（c）本文方法分割效果

图3-11　光照不均匀复杂背景的图像分割

综上，本文提出的基于RGB颜色空间的阈值分割方法能够满足小麦冠层图像提取要求，在处理光照不均匀严重阴影和背景复杂的图像时，能避免H-K算法的过分割现象，表现出良好的分割能力。从冠层图像分割角度，避免了图像颜色空间转换，降低了计算量。

3.3　小麦图像评价指标提取

图像评价指标提取是指将小麦目标图像中与营养成分相关的信息数字化，变成计算机程序能够"识别"的符号、向量或者数值等，这个转换过程就是指标提取。一幅图像针对待解决问题可能有多个特性，这些特性可以是感觉器官感受到的自然特性，例如颜色、边缘、面积和纹理等；也可以是根据这些特性进行数学处理变换得到的指标，例如主成分、直方图和矩等。这些特性构成的集合就是指标集。在小麦样本采集过程中发现，不同施肥处理的地块间小麦叶片的颜色和植株生长状态差异较大。针对这些差异，本节从两个方面提取小麦图像评价指标。

3.3.1　常用图像评价指标计算

HSI 颜色空间是数字图像处理中常用的颜色空间，其使用色调、色彩饱和度和亮度来描述颜色。此类颜色描述方法与 RGB 这类混合型颜色空间不同，它将色彩与亮度分离开，使用饱和度和色度来描述色彩感知，以消除光的亮度对颜色描述的影响。本文数据采集的实验场景为大田，相较于实验室的固定光源，图像更易受外界光线的干扰，引入该颜色空间可在一定程度上分离光照对结果的影响。除 HSI 颜色空间，本文还引入了 La*b* 颜色空间作为小麦图像指标提取的颜色空间。常见的采集设备大多使用 RGB 模式存储数据，若使用 HSI 和 La*b* 颜色空间，需将 RGB 空间表示的图像转换为 HSI 和 La*b* 颜色空间表示。RGB 转 HSI 颜色空间的公式如式 3-4 至 3-6 所示。与 HSI 颜色模型的转换不同，RGB 颜色空间不能直接换到 La*b* 颜色空间，需要借助 XYZ 颜色空间来完成空间转换。具体公式如式 3-7 至 3-11 所示。

$$H = \begin{cases} \theta; if(G \geq B) \\ 2\pi - \theta; if(G < B) \end{cases} \tag{3-4}$$

其中，$\theta = arccos\left\{ \dfrac{[(R-G)+(R-B)]/2}{[(R-G)^2+(R-B)(B-G)]^{1/2}} \right\}$;

$$S = 1 - 3min(R，G，B)/(R+G+B) \tag{3-5}$$

$$I = （R+G+B）/3 \tag{3-6}$$

$$\begin{cases} R_1 = gamma(\dfrac{R}{255.0}) \\ G_1 = gamma(\dfrac{G}{255.0})(3\text{-}7) \\ B_1 = gamma(\dfrac{B}{255.0}) \end{cases} \tag{3-7}$$

其中，$gamma(x) = \begin{cases} \left(\dfrac{x+0.055}{1.055}\right)^{2.4} (x > 0.04045) \\ \dfrac{x}{12.92} \quad （其他） \end{cases}$

$$\begin{bmatrix} X \\ Y \\ Z \end{bmatrix} = \begin{bmatrix} 0.4124 & 0.3576 & 0.1805 \\ 0.2126 & 0.7152 & 0.0722 \\ 0.0193 & 0.1192 & 0.9505 \end{bmatrix} * \begin{bmatrix} R_1 \\ G_1 \\ B_1 \end{bmatrix} \qquad (3\text{-}8)$$

$$L = \begin{cases} 116 \times f(Y/Y_n) - 16.0; \ (Y/Y_n > 0.008856) \\ 903.3 \times \left(\frac{Y}{Y_n}\right); (Y/Y_n \leq 0.008856) \end{cases} \qquad (3\text{-}9)$$

$$a^* = 500[f(X/X_n) - f(Y/Y_n)] \qquad (3\text{-}10)$$

$$b^* = 200[f(Y/Y_n) - f(Z/Z_n)] \qquad (3\text{-}11)$$

其中，$f(t) = \begin{cases} \frac{1}{3}(\frac{29}{6})^2 t + \frac{4}{29}; (t \leq 0.008856) \\ t^{\frac{1}{3}}; (t > 0.008856) \end{cases}$，$X_n$，$Y_n$，$Z_n$ 一般默认是

95.047，100.0，108.883。

将三个颜色空间的目标图像所有像素点的均值作为该图像对应的颜色评价指标。其中，RGB 模式图像的均值分别记作 R，G，B；类似的，HSI 模式图像和 La*b* 模式的图像均值分别记作 H，S，I，L，a^* 和 b^*。图像均值指标计算公式如式 3-12 所示。

$$\mu = \frac{1}{MN}\sum_{i=1}^{M}\sum_{j=1}^{N} P(i,j) \qquad (3\text{-}12)$$

其中，M，N 为目标图像有效像素点的行和列，$P(i, j)$ 为目标图像有效像素点对应的颜色灰度值。

对基本颜色指标进行交互处理或算数运算组合后获得的新指标与植物叶片的叶绿素含量有更稳定、更密切的相关性[30]。结合文献[20, 30, 67-68]和多次实验研究，本文针对小麦叶绿素含量检测选择了组合指标：R-G，R+B，R-G-B，R+G-B，NRI，NBI，NGI 以及 $DGCI$。具体公式如式 3-13 至 3-16 所示。

$$NRI = \frac{R}{R+G+B} \qquad (3\text{-}13)$$

$$NGI = \frac{G}{R+G+B} \qquad (3\text{-}14)$$

$$NBI = \frac{B}{R+G+B} \qquad (3\text{-}15)$$

$$DGCI = \frac{(H-60)/60 + (1-S) + (1-I)}{3} \qquad (3\text{-}16)$$

3.3.2 基于群体植株生长特性的图像评价指标构造

本节分析了小麦群体植株性状及生育期特点，结合颜色、长势等方面的图像特征，构造一组小麦冠层图像评价指标集。

（1）基于颜色特征的图像评价指标

在生长过程中不同施肥处理会导致小麦植株生长状态差异。缺肥状态下，小麦植株长势偏弱，作物各营养指标相对较低，植株间的生长差异较大。同时，新叶生长需要营养，当施肥量不足时同一株小麦上老叶中的营养元素会随着生长向新叶转移，老叶退绿黄化，这种现象会在同一植株上自下部叶片向上部叶片扩展[30]。这些性状会导致营养缺乏的小麦群体长势参差不齐，反映在图像上，就会出现同一区域内的小麦冠层颜色不均。因此，本文将图像颜色的标准差作为参考因素，引入小麦冠层尺度叶绿素检测研究。石媛媛[69]在基于图像的水稻营养诊断建模研究中引入了灰度方差作为一种图像评价指标。灰度方差是将 RGB 颜色空间图像进行灰度化后得到的像素点间的方差，它能在一定程度上反映目标图像像素点的灰度变化，但其只针对灰度图像，没有考虑到其他颜色空间中每个分量的颜色灰度变化。基于此，本文将考虑上述三个颜色空间各分量标准差对作物营养成分检测的作用，标准差指标的计算公式如式 3-17 所示。

$$\sigma = \sqrt{\frac{1}{MN}\sum_{i=1}^{M}\sum_{j=1}^{N}[P(i,j)-\mu]^2} \qquad (3\text{-}17)$$

其中，μ 为式 3-12 中图像特征均值。

图像评价 R，G，B 的标准差记为 SR，SG，SB；类似的，HSI 和 La*b* 颜色空间均值指标对应的标准差记为 SH，SS，SI，SL，Sa^* 和 Sb^*。

（2）基于长势特征的图像评价指标

小麦冠层尺度图像除了提供冠层叶片的颜色信息，还可以反映作物的长势情况。小麦出苗后若营养供给不足，会导致苗弱，长势参差不齐，单株分蘖减少，苗株细小，叶片黄弱，短小，在图像上表现为单位面积中苗株覆盖土地面积减少，因此，冠层覆盖度是衡量小麦植株生长状况最直接的指标之一。相关文献[70-71]已经证明作物叶片 SPAD 值以及氮素含量与作物冠层覆盖度呈显著相关。因此，在小麦冠层的研究中，除上述颜色指标外，本文还提取了冠层覆盖度作为图像评价指标之一。其公式如式 3–18 所示。

$$Cover = \frac{M \times N}{total} \tag{3--18}$$

其中，M，N 分别表示目标图像的行维和列维中非 0 像素点的个数，$total$ 表示原图像中全部像素点的个数。

3.4 基于颜色特性评价指标 *CCFI* 的拟合

在田间小麦叶绿素含量检测时，基本颜色指标有时不足以充分挖掘图像信息，利用原始指标研究拟合更高层次的指标，进一步补充小麦叶绿素检测的输入空间，以提高模型的预测性能，是小麦叶绿素含量检测的关键环节之一。

在 RGB 颜色空间中，小麦的叶色情况是由红、绿、蓝三分量综合反映的，任何一种单分量变化都会引起整体颜色的改变。前人构造的指标如 *NRI*，*NGI* 等均是突出单个颜色分量，而并未考虑其他分量对作物叶色的影响。此外，RGB 颜色模式对光照变化十分敏感。因此，本文尝试使用一组不变矩以削弱光照对小麦图像颜色的干扰，在不变矩基础上充分考虑三个分量对小麦营养状况的表征能力，提出一种拟合图像评价指标，以提高小麦营养状况检测的准确性。

3.4.1 RGB 颜色空间去光照处理

被摄物体的 RGB 图像色彩值受光线影响较大，在使用此空间的特征时，应尽量排除外界光照对小麦颜色的影响。为减少大田环境对样本采集的影响，本文参照文献[72]对纹理特征归一化的形式，提出了基于 RGB 模式的归一化方法，通过各颜色通道所占不变矩的增益，尝试对原始颜色指标进行处理，以减少光照带来的影响。去光照处理后的 R，G，B 分量分别记作 r，g，b，对应的公式如式 3–19 至 3–21 所示。

$$r = R/\sqrt{R^2 + G^2 + B^2} \tag{3-19}$$
$$g = G/\sqrt{R^2 + G^2 + B^2} \tag{3-20}$$
$$b = B/\sqrt{R^2 + G^2 + B^2} \tag{3-21}$$

为验证本文提出的去光照处理方法在小麦图像中的有效性，本节对处理前后的各分量数据分布进行了对比分析。

（1）叶片图像去光照处理结果

图 3–12 为 RGB 颜色空间叶片均值指标去光照处理前后样本分布对比图。由图 3–12（a）与（b）对比发现，去光照处理后 RGB 颜色空间每个分量的离散程度均明显减小。去光照操作没有改变原指标的变化规律。所有样本的三个指标值更集中于趋势线附近。尤其是指标 G，在去光照处理前，离散程度较高，经处理，数据明显收敛于趋势线附近。指标 R 和 G 均与叶绿素含量呈负相关关系。指标 B 与叶片叶绿素含量呈正相关关系。随叶绿素含量的升高，指标 B 总体没有表现出明显的趋势变化，经过处理后的指标 b 变化明显，随叶绿素含量值的增加，指标值呈上升趋势，说明蓝色分量与叶绿素值的相关性得到了明显提升。

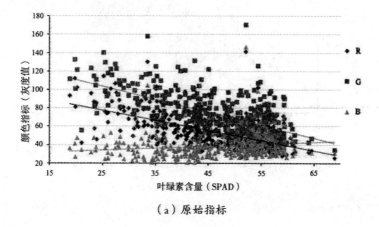

（a）原始指标

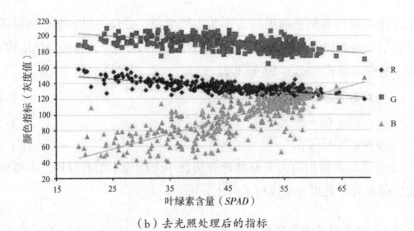

（b）去光照处理后的指标

图 3-12 叶片均值指标分布情况

（2）冠层图像去光照处理结果

图 3-13 为小麦冠层 RGB 颜色空间均值指标去光照处理前后与叶绿素的相关关系。与叶片图像分布规律类似，去光照处理降低了所有指标的离散程度，该处理改变了红色分量与营养成分间相关系数的符号，这是由于指标 R 某些样本点的离散性导致其趋势线呈不明显上升，经过归一化处理后样本点更收敛，集中在趋势线附近，离散误差减小。

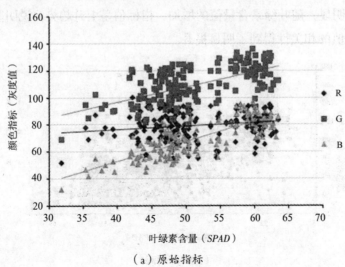

（a）原始指标

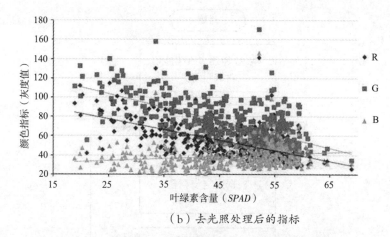

（b）去光照处理后的指标

图 3-13　冠层均值指标 – 叶绿素分布情况

由以上分析可知，本文提出的去光照方法可以完成数据的归一化处理，在一定程度上降低光线变化对 RGB 颜色空间评价指标的影响，使所有数据点分布更集中，更能反映真实的数据变化规律。同时，rgb 颜色空间的指标可作为小麦叶绿素评价的参考。因此，本文提取了小麦样本 rgb 颜色空间的图像均值指标：r，g，b；在冠层尺度还提取了 rgb 颜色空间的标准差作为小麦叶绿素检测指标，记为 Sr，Sg 和 Sb。

3.4.2　图像评价指标 *CCFI* 的拟合方法

由文献 [30] 可知，对作物基本颜色指标进行组合变换处理可以在一定程度上提高其对作物矿质养分含量的评估能力。不同营养状态下小麦叶色变化是红、绿、蓝三个分量综合改变产生的结果。在指标构造时，不能仅突出某一分量的作用，而不考虑其他分量带来的影响。因此，本研究在 rgb 颜色空间均值指标的基础上，提出了综合考虑三个颜色分量变化的图像评价指标拟合方法，拟合出小麦营养状态检测的组合颜色特征指数（combined color feature index，*CCFI*），指标拟合方法的具体流程如图 3-14 所示。

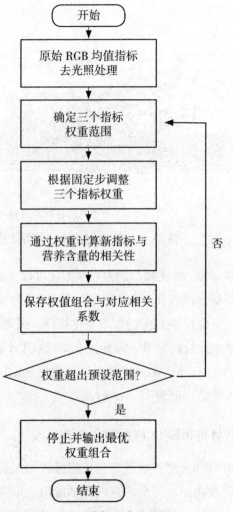

图 3-14 *CCFI* 指标拟合流程图

根据上述流程，*CCFI* 指标拟合的具体步骤如下：

Step1 将基本指标 R，G，B 按公式 3-19 至 3-21 计算相应的 *r*，*g*，*b*；

Step2 将对应系数 *x*，*y*，*z* 的值设置在 [−3，3] 之间，对应系数的绝对值大小代表该分量对拟合指标的贡献度；

Step3 在 [−3，3] 之间按步长 $\alpha=0.05$，调整 *x*，*y*，*z*，并与小麦叶绿素含量做皮尔逊相关分析，计算其相关系数 *ρ*，同时构造四维数组

$[x，y，z，\rho]$；

Step4 绘制四维数组$x，y，z，\rho$的三维颜色分布图，确定ρ最大的点对应的$x，y，z$值即为所求；

Step5 根据$x，y，z$相应值求出对应 CCFI 的值。

3.4.3 指标 *CCFI* 拟合结果分析

（1）叶片图像评价指标 *CCFI* 拟合结果

根据 3.4.1 与 3.4.2，计算小麦叶片叶绿素检测的图像评价指标 *CCFI*，结果如图 3–15 所示。评估小麦叶片叶绿素含量的 $CCFI= -2.5r + 0.2g + 1.1b$，与叶片叶绿素含量的相关系数为 0.849。

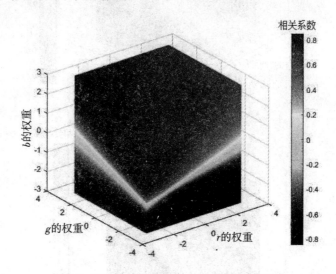

图 3–15 叶片—叶绿素 *CCFI* 指数拟合结果

（2）冠层图像评价指标 *CCFI* 拟合结果

图像采集角度不同可能会造成被摄小麦冠层位置不同，*CCFI* 是需要根据红、绿、蓝三分量值计算的评价指标。不同拍摄角度的 *CCFI* 中各分量系数可能不尽相同，依据上节 *CCFI* 指标的拟合方法分别计算了 60° 和 90° 两

个采集角度下的 *CCFI* 指标值。

其中 60° 拍摄的小麦冠层图像评价指标 *CCFI*= 0.65*r* + 2.7*g* + 2.2*b*，其相关系数为 0.865，而角度为 90° 时的 *CCFI* 指标恰巧也为 *CCFI*= 0.65*r* + 2.7*g* + 2.2*b*，但其与叶绿素含量的相关度较 60° 时略高，其相关系数为 0.900，如图 3–16 所示。

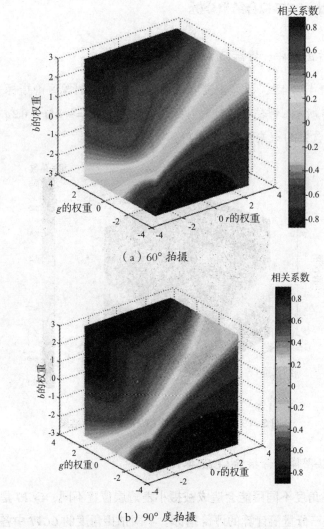

（a）60° 拍摄

（b）90° 度拍摄

图 3–16　冠层—叶绿素 *CCFI* 指数拟合结果

3.5　小麦图像评价指标集提取结果及分析

3.5.1　小麦图像评价指标分析

根据本章前四节的处理方法，提取全部小麦图像评价指标。同一指标在不同施肥水平下存在差异。在不同施肥处理下，小麦同一图像评价指标存在较明显差异。说明本文提取的图像评价指标和作物叶绿素成分含量间存在关联关系，这些评价指标能够在一定程度上反映作物营养状况，可作为进一步进行叶绿素成分检测分析的基础。

3.5.2　小麦叶绿素检测图像评价指标集提取结果

由 3.1 至 3.4 节，最终获得全部小麦图像评价指标，主要基于两个尺度提出了小麦图像评价指标：叶片尺度和冠层尺度。叶片尺度主要以叶片颜色为参考信息。颜色空间选择了两个常用的颜色空间 RGB 和 HSI 以及一个与设备无关的颜色空间 La^*b^*；分别提取了三个颜色空间各分量的颜色均值指标，试图通过不同颜色空间探索小麦叶片颜色与矿质养分含量的关系。在均值指标基础上，通过查阅文献和实验选择了 8 个前人分析提出的组合指标。另外，结合本文实验场景，提出了 RGB 颜色空间去光照处理的方法，并提取了归一化后的颜色均值指标。在此基础上，综合考虑了 RGB 空间三颜色分量的相互作用提出了颜色拟合指标 CCFI。在冠层尺度，除了叶片尺度的全部评价指标外，还增加了基于小麦生长特性的颜色标准差指标以及小麦冠层覆盖度参数，具体情况见表 3-1。

表 3-1　小麦叶绿素图像评价指标集汇总

图像尺度	指标类型	指标名称	注释
叶片尺度	基本均值指标	$R, G, B, H, S, I,$ L, a^*, b^*	RGB、HSI、La^*b^* 颜色空间均值

图像尺度	指标类型	指标名称	注释
叶片尺度	基本组合指标	$R-G$, $R+B$, $R-G-B$, $R+G-B$	RGB 空间均值数学变换
		NRI, NBI, NGI, $DGCI$	红绿蓝光标准值以及深绿色指数
	归一化指标	r, g, b	RGB 颜色空间去光照处理后的均值指标
	基于颜色特征的拟合指标	$CCFI$	组合颜色特征指数
冠层尺度	基本均值指标	R, G, B, H, S, I, L, a^*, b^*	RGB、HSI、La*b*颜色空间均值
	基本组合指标	r, g, b	RGB 空间均值数学变换
		NRI, NBI, NGI, $DGCI$	红绿蓝光标准值以及深绿色指数
	归一化指标	r, g, b	RGB 颜色空间去光照处理后的均值指标
	基于颜色特征的拟合指标	$CCFI$	组合颜色特征指数
	基于生长特性的构造指标	SR, SG, SB, SH, SS, SI, SL, Sa^*, Sb^*, Sr, Sg, Sb	颜色特征标准差
	基于颜色特征的拟合指标	$Cover$	冠层覆盖度

3.6 本章小结

本章主要叙述了小麦目标提取方法和图像评价指标集构造方法。在目标提取方面，叶片图像的分割及目标提取，采用了迭代分割方法；在冠层图像上提出了基于 RGB 颜色空间的灰度阈值分割方法，提取了小麦冠层目标，并将分割结果与 H–K 方法进行了对比分析，证明了本文方法的有效性。在图像评价指标确定方面，首先阐述了常用的图像评价指标提取方法。其次，结合实验场景构造了 rgb 颜色空间，并提出了拟合指标的新方法，计算了新的图像评价指标 CCFI；除此之外，在冠层尺度上，从小麦生长特性和颜色特征两方面，增加了颜色标准差和冠层覆盖度两类指标。在此基础上给出了评价指标集的计算结果示例。

4 小麦叶片尺度叶绿素检测方法研究

本章使用第三章提取的叶片图像评价指标集，研究叶片尺度图像与叶绿素含量间的相关性，建立田间叶片叶绿素含量检测模型，挖掘图像信息与大田小麦叶绿素含量之间的映射关系。

4.1 引言

光合作用是植物生长发育最重要的环节，叶片是光合作用的重要器官，也是植物进行新陈代谢的重要场所。叶绿素是植物光合作用的主要色素，是衡量叶片营养情况最重要的指标之一。目前，大部分研究主要侧重分析某单一图像评价指标 [25] 或某颜色空间 [62, 67] 与叶绿素成分含量之间的关系，综合各颜色空间指标，结合特征分析方法筛选优质指标，构建叶片尺度营养检测模型的研究较少。研究叶片图像与作物叶绿素之间的关系，能够从机理上探究作物营养和图像特征之间的关联关系。本章的目的不仅在于从机理上研究大田环境下小麦叶片叶绿素含量与图像特征之间的关系，更重要的是探索一种低成本、快速、无损的叶绿素评估手段，建立基于图像的小麦叶片叶绿素检测模型，取代检测成本较高的叶绿素测定仪。

本文第三章构造了一组与小麦叶片叶绿素成分含量相关的图像评价指标集合。在实际问题处理中，更多的输入指标不一定能带来更好的结果。在建模过程中冗余或无效指标不但会降低计算效率，甚至可能影响模型精度。保留与因变量相关度较高的指标，剔除无用指标是叶绿素检测模型中的重要步骤。叶绿素检测的另一重要环节是选择合适的建模方法建立数学模型。为确定最优检测模型，本文提出基于相关性分析的指标选择方法，并采用基于相关度评价的逐步模型输入方式（CBSI），将指标按相关程度依次逐步引入输入集，进行模型构建，并搜索最优检测模型配置，具体方法如图4–1所示。

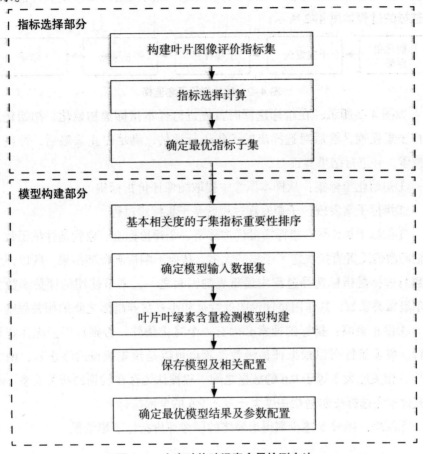

图 4–1 小麦叶片叶绿素含量检测方法

4.2 小麦叶片叶绿素检测图像评价指标选择

4.2.1 叶片图像评价指标选择方法

由 3.5.1 节分析可知，不同指标对营养成分的解释能力存在差异。指标选择的目的是在样本数据集原始指标中选择携带信息量大的指标子集[73]。将叶片图像评价指标集中的无效指标删除，保留相关指标。指标选择的意义在于降低原始数据维度和模型的复杂度，提高模型的准确度和性能，指标选择的过程如图 4-2 所示。

图 4-2　叶片指标子集选择

如图 4-2 所示，在指标选择时首先进行样本指标集初始化，初始化后进行子集发现，然后对选择出的子集进行评估，满足停止策略后，停止子集搜索，并进行结果验证。

①初始化指标集：从样本图像中提取图像评价指标集。

②指标子集发现：子集发现过程就是子集搜索过程。

③指标子集评估：指标质量优劣需要一个评价标准，也就是评估函数。评估函数的设置直接决定了子集的优劣，从而影响检测模型结果。所以评估函数的选择是指标选择过程中最重要的因素之一，本节使用的评估函数为皮尔逊相关系数，其作用是评价图像特征和小麦营养指标之间的相关程度。

④停止策略：指标的搜索必须有一个终止条件，否则程序会无休止地运行。终止条件可以根据评估函数设置也可以是预先预设的终止值，由文献[66]，相关度大于等于 0.6 的数据之间一般被认为存在较强的相关关系。本研究设置为选择皮尔逊相关度大于等于 0.6 的全部指标。

⑤结果：经过上述步骤得出最终的图像评价指标子集结果。

4.2.2　叶片图像评价指标子集选择结果

相关度评价是研究两个变量之间的统计分析方法，由 4.2.1 节指标选择方法，对第三章提取的小麦叶片图像评价指标，依次进行判断，计算结果如图 4-3 所示。最终选出的图像评价指标为 {R, G, r, b, NRI, NGI, NBI, $R+G-B$, $CCFI$, S, L, a^*, b^*}。

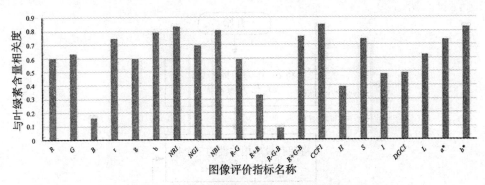

图 4-3　叶片图像评价指标与叶绿素含量相关度

4.3　基于 CBSI 的小麦叶片叶绿素检测模型建立

本节在前文基础上，提出一种基于相关度评价的逐步模型输入方式（CBSI），并根据文献 [48–49，58] 及实验分析，确定了两种叶绿素检测建模方法，用于构建叶片叶绿素检测模型。同时，与使用指标全集构建的模型精度进行比较，验证基于相关性分析的指标选择方法在叶片叶绿素营养检测中的有效性，探索小麦叶片尺度叶绿素最佳检测模型，为非破坏性大田小麦叶片叶绿素检测提供方法基础。

4.3.1　叶片叶绿素检测模型构建方法及参数设置

本节使用 CBSI 进行模型构建，将 4.2.2 节选出的图像评价指标子集中所有指标按相关度由大到小进行排序，再按顺序将相关度最高的指标作为输入集逐步引入模型中，具体流程如图 4-4 所示。首先使用与叶绿素含量相关度最高的指标作为输入集构建回归模型，保存结果。然后在原有输入集的基础上追加一个与叶绿素含量相关度次高的指标，再次构建回归模型并保存结果。依次迭代，直至指标子集中的全部指标均进入模型，最后筛选出检测精度最高的模型及最优配置。

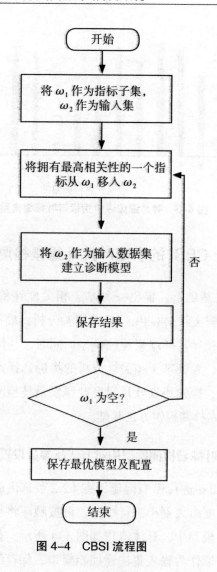

图 4-4　CBSI 流程图

　　按上述输入方式，分别构建 LR 和 RF 模型。首先将输入集 ω_2 包含的样本数据划分为训练数据和测试数据，使用训练数据分别构建 LR 和 RF 回归模型，然后通过内层交叉验证，使用 R^2 评价当前模型，寻找最优超参，再使用外层交叉验证的测试数据评估模型精度，最后得到最优模型配置及结果。具体流程如图 4-5 所示。

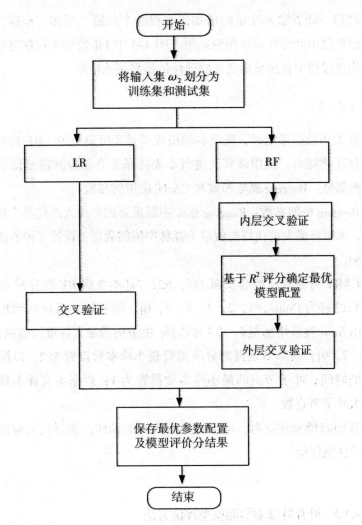

图 4-5　基于 CBSI 的叶片叶绿素模型构建流程

图中主要涉及两种回归算法：

（1）LR

　　文中图像评价指标为自变量，叶片叶绿素含量为因变量，首次运行时，输入集中仅包含与叶绿素含量相关度最高的一个指标，LR 模型实质为一元线性回归。随着输入变量的增加，方程的个数随之增加，根据 2.4.1 节 LR 求解过程得出叶片叶绿素预测结果，图 4–5 中 LR 模型不存在超参数寻优，模型构建过程中直接使用交叉验证评估模型预测精度。

（2）RF

在大田数据采集时，噪声和随机误差是不可避免的，RF 具有很强的抗干扰和泛化能力。使用该算法进行小麦叶绿素含量检测需要设置的超参数包括两部分：Bagging 框架参数和 CART 决策树参数。

Bagging 框架参数：Bagging 框架中最重要的是最大迭代器个数，经反复实验，本书将最大迭代器的数量（森林中树的数量）设置三种备选，即 {10，20，50}。

CART 树参数：综合文献 [48，62，74] 本文将 RF 划分时考虑的最大指标数设置为 {None，1，2，3，4，5，6}，随着输入指标的增加，最大指标数由 None 逐步增加至 6，共 7 种选择；决策树的最大深度设置的选项为 {1，2，5，7，9}；内部节点再划分所需要最小样本数设置为 2，以限制生成决策树的时间；叶子节点的最小样本数设置为 1；根据本文样本数量，不限制最大叶子节点数。

在回归模型建立时，本文设置有放回的采样，选择交叉验证的方式进行模型性能评价。

4.3.2 叶片叶绿素检测模型评价方法

（1）数据集划分

将所有样本 70% 随机划分为训练集，剩余的 30% 为测试集。为了更准确地评价模型预测性能，一般在有限样本数据中通常会采用交叉验证的方式获得尽可能多的有效信息，减少模型的过拟合情况。本文采用嵌套十倍交叉验证以提高模型精度，更准确地评估模型性能以及配合模型参数寻优。

（2）交叉验证

嵌套十倍交叉验证须完成两个任务即调整模型参数和评估模型性能。每一个交叉验证解决其中一项任务：外部交叉验证用于测试模型性能；内部交叉验证用于搜索模型最优配置，确定模型超参数，并评估所确定的超参性能。对于超参的搜索方式一般有两种：网格搜索和随机搜索。本研究使用网格搜索法寻找模型最优参数配置[48]。

（3）检测模型评价

检测模型主要评价的是预测值和真实值之间的差距。本文采用衡量预测值和真实值之间差异的决定系数（R^2）和均方根误差（$RMSE$）作为模型评价方法，其公式分别为式4-1和4-2：

$$R^2 = 1 - \frac{\sum_i (\hat{y}_i - y_i)^2}{\sum_i (\bar{y}_i - y_i)^2} \tag{4-1}$$

其中，值为样本的估计值，也就是预测值；预是真实值；越表示的是平均值；R^2值一般在 [0，1] 之间，值越接近与 0 表示模型的预测结果越差，越接近于 1 表示预测结果越接近真实值，模型效果越好。

$$RMSE = \sqrt{\frac{1}{m}\sum_{i=1}^{m}(y_i - \hat{y}_i)^2} \tag{4-2}$$

其中，　　为样本的预测值；　　是真实值；$RMSE$ 表示的是预测值与真实值的误差平方根的均值。

4.4　小麦叶片叶绿素检测模型构建结果及分析

4.4.1　叶片图像评价指标与叶绿素含量相关分析结果

第三章提取的小麦叶片各图像评价指标与叶绿素含量的相关性分析计算结果如表4-1所示。由表可知，总体上所有组合指标和拟合指标与叶片叶绿素含量间的相关性优于基本指标。使用 3.4 节方法计算出的拟合指标 *CCFI* 与叶绿素含量之间的相关系数是全部指标中最高的，其值为 0.849，说明本文提出的指标拟合方法对叶片叶绿素评价是有效的。此外，大多数组合指标与叶绿素含量的相关度均大于 0.6。其中 *NRI* 和 *NBI* 与叶绿素含量的相关度大于 0.8，表示这些指标与叶绿素含量有极强的相关性。这与陈敏等[36]在棉花叶片上的研究结果一致。与 Avinash A 等[67]在菠菜叶片的研究结果不同，本研究中，小麦叶片基本组合指标与叶绿素含量并没有表现出较强的相关性，相关系数仅为 0.489。这可能是因为 HSI 颜色空间中的 I 分量代表亮度，该分量在指标 *DGCI* 中占一定比例，前人的研究大都基于扫描仪或实验室暗箱装置等固定光源下采集图像，I 分量的值相对固定或变化较小的。而本研究基于大田环境，样本采集时受光线影响较大，可能导致原本叶绿素含量相近的叶片由于样本采集时的光照差异导致 I 分量的值相差较大，从而影响指标 *DGCI* 与叶绿素含量的相关性，这一推测在文献 [20] 中得到进一步验证。

从颜色空间分析，La*b* 颜色空间的指标与小麦叶片叶绿素含量的相关度是 3 个颜色空间中最高的。该空间全部指标与叶绿素含量的相关度均大于 0.6，其中指标 *b** 与叶绿素含量的相关系数为 –0.830，是所有颜色空间基本指标中相关度最高的，这与 Wang Y 等[25]在水稻上的研究结果一致。在 RGB 颜色空间中，本文的归一化图像评价指标 *r*, *g*, *b* 可以起到消除部分光照影响的作用，其中指标 *b* 将相关度从原来的 0.160 提高至 0.792，提高了 395%。指标 *r* 的相关系数由原来的 –0.600 变为 –0.745，相关度提高了 24.17%。虽然 *g* 的相关度略有下降，但红、蓝两分量与叶绿素含量的相关性有较大幅度的提升，总体上本文提出的方法还是有效的。在 HSI 颜色空间中指标 *S* 与叶绿素含量的相关度较高，相关系数为 –0.743。（见表 4–1）

表 4–1　小麦叶片图像指标与叶绿素含量相关分析

颜色空间	指标名称	相关性
RGB 颜色空间	*R*	–0.600
	G	–0.632

颜色空间	指标名称	相关性
	B	0.160
	r	−0.745
	g	−0.597
	b	0.792
	NRI	−0.835
	NGI	−0.693
	NBI	0.804
	$R{-}G$	0.594
	$R{+}B$	−0.327
	$R{-}G{-}B$	0.087
	$R{+}G{-}B$	−0.759
	$CCFI$	0.849
HSI 颜色空间	H	0.389
	S	−0.743
	I	−0.479
	$DGCI$	0.489
La*b* 颜色空间	L	−0.625
	a^*	0.736
	b^*	−0.830

　　图 4-6 与 4-7 为拟合指标 $CCFI$ 和基本颜色指标 b^* 与叶片叶绿素含量的关系。

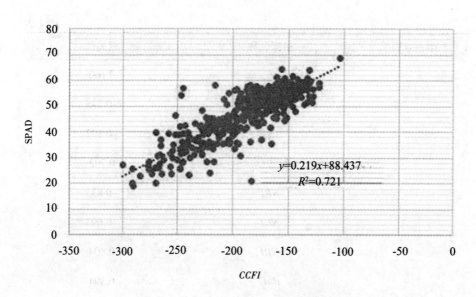

图 4-6　CCFI 与叶片叶绿素含量的相关性

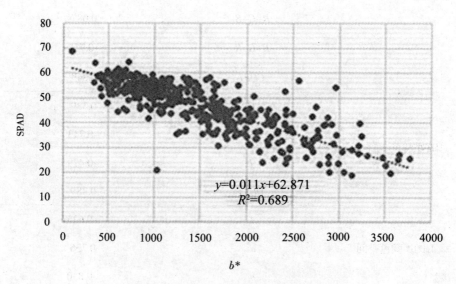

图 4-7　b* 与叶片叶绿素含量的相关性

由图 4-6 可知，指标 CCFI 与小麦叶片叶绿素含量的关系如式 4-3 所示，该式的决定系数 R^2 为 0.721。

$$y = 0.219 \times CCFI + 88.437 \qquad\qquad (4\text{-}3)$$

图 4-7 可知，指标 b^* 与小麦叶片叶绿素含量的关系式如式 4-4 所示，该式的决定系数 R^2 为 0.689。

$$y = -0.011 \times b* + 62.871 \qquad\qquad (4\text{-}4)$$

4.4.2 叶片叶绿素含量模型构建及结果分析

由 4.3.1 与 4.4.1 节可知图像评价指标进入模型顺序依次为：$CCFI$、NRI、b^*、NBI、b、$R+G\text{-}B$、r、S、a^*、NGI、G、L、R。根据 4.3 节中建模方法，按上述输入顺序建立叶片叶绿素含量检测模型，找出小麦叶片叶绿素营养评估最优模型。将上述指标分别逐步引入 LR 和 RF 建立检测模型，经过嵌套十倍交叉验证及参数寻优，最终结果如表 4-2 所示。

由表 4-2 可知，全部指标建立的 LR 和 RF 模型基本能够检测小麦叶片叶绿素含量，但全部指标包含的输入数据集维度较高，建立的模型较复杂，运算时间长，同时，高维度的输入集中可能存在一些冗余或干扰信息影响模型精确度。

LR 模型在 11 个图像指标输入时，表现出了最佳预测性能，其 R^2 的值为 0.727，$RMSE$ 的值为 5.005。使用全部指标建立的 LR 模型中 R^2 的值为 0.725，$RMSE$ 的值为 5.024，相较于全部指标建模，Input11-LR 模型 R^2 的值提高了 0.276%，离散度 $RMSE$ 降低了 0.378%，指标数占全部指标的 52.381%。

RF 模型在 13 个指标输入时，预测精确度最高，最优结果 R^2 的值为 0.719，$RMSE$ 的值为 5.131，对应的最优参数配置是：森林中的树木的数量为 5，最佳分割时考虑的特征数量为 4，树的最大深度为 50。使用全部指标建模的 RF 模型中 R^2 的值为 0.707，$RMSE$ 的值为 5.140，对应的参数配置是：森林中的树木的数量为 5，最佳分割时要考虑的特征数量为 6，树的最大深度为 20。相较于全部指标建模，Input13-RF 模型 R^2 的值提高了 1.697%，$RMSE$ 降低了 0.175%，指标数只用了全部指标的 61.905%。（见表 4-2）

表 4-2　小麦叶片图像指标与叶绿素含量相关分析

输入编号	指标	LR		RF		
		R^2	RMSE	R^2	RMSE	参数
Input1	*CCFI*	0.712	5.160	0.674	5.469	{2, None, 20}
Input2	*CCFI*, *NRI*	0.711	5.167	0.689	5.391	{2, None, 50}
Input3	*CCFI*, *NRI*, b^*	0.713	5.151	0.700	5.260	{5, 1, 50}
Input4	*CCFI*, *NRI*, b^*, *NBI*	0.711	5.175	0.705	5.230	{5, 1, 50}
Input5	*CCFI*, *NRI*, b^*, *NBI*, *b*	0.709	5.189	0.708	5.277	{5, 4, 20}
Input7	*CCFI*, *NRI*, b^*, *NBI*, *b*, *R+G-B*, *r*	0.706	5.219	0.699	5.312	{2, 3, 20}
Input8	*CCFI*, *NRI*, b^*, *NBI*, *b*, *R+G-B*, *r*, *S*	0.706	5.213	0.715	5.162	{5, 2, 50}
Input9	*CCFI*, *NRI*, b^*, *NBI*, *b*, *R+G-B*, *r*, *S*, a^*	0.719	5.090	0.701	5.206	{5, 3, 10}
Input10	*CCFI*, *NRI*, b^*, *NBI*, *b*, *R+G-B*, *r*, *S*, a^*, *NGI*	0.717	5.101	0.709	5.182	{5, 2, 20}
Input11	*CCFI*, *NRI*, b^*, *NBI*, *b*, *R+G-B*, *r*, *S*, a^*, *NGI*, *G*	0.727	5.005	0.710	5.209	{5, 3, 20}
Input12	*CCFI*, *NRI*, b^*, *NBI*, *b*, *R+G-B*, *r*, *S*, a^*, *NGI*, *G*, *L*	0.726	5.014	0.696	5.281	{2, 6, 50}
Input13	*CCFI*, *NRI*, b^*, *NBI*, *b*, *R+G-B*, *r*, *S*, a^*, *NGI*, *G*, *L*, *R*	0.724	5.037	0.719	5.131	{5, 4, 50}
Input14	*ALL*	0.725	5.024	0.707	5.140	{5, 6, 20}

　　图 4-8 与 4-9 为不同输入情况下各模型的决定系数 R^2 和均方根误差 $RMSE$ 的变化情况，通过折线图可直观分析模型精确度和稳定性。图中横轴为模型输入编号，纵轴分别为决定系数 R^2 和均方根误差 $RMSE$ 对应的值。

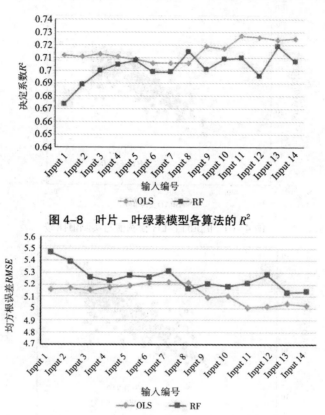

图 4-8　叶片–叶绿素模型各算法的 R^2

图 4-9　叶片–叶绿素模型各算法的 $RMSE$

　　由图 4-8 和 4-9 可知，随着输入变量的增加，两种算法的预测精度均呈上升趋势。前期随着输入变量的增加，RF 模型精度提升较快，但随着输入变量的持续增加，RF 模型稳定性下降。对于 LR，前期随着输入变量的增加，模型精度变化不大，随着输入维度持续增加，可能某些后添加的指标携带部分有价值信息，所以使模型精度有所提升。相较于 LR，RF 的预测精度整体偏低，稳定性较差。

　　图 4-10 和 4-11 分别为 LR 和 RF 的最优配置模型预测值和实测值分布

图。由图可知，LR 的 R^2 值比 RF 的高 1.113%，*RMSE* 值降低了 2.456%。同时，LR 比 RF 使用的输入指标个数少两个，故本书在叶片尺度叶绿素含量检测时得到的最优模型为 Input11–LR。

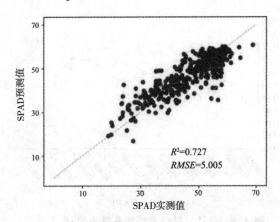

图 4–10　Input11–LR 预测值与实测值比较

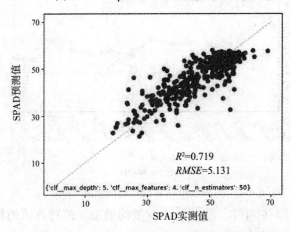

图 4–11　Input13–RF 预测值与实测值比较

由图 4–10 可知，拥有 11 个输入指标的 LR 模型在评估小麦叶片叶绿素值时准确率最高，其 R^2 为 0.727，*RMSE* 为 5.005。该模型的输入参数来自 4 个不同颜色空间，得到的小麦叶片叶绿素最佳诊断模型为：

$$SPAD=8.640 \times CCFI+14457.937 \times NRI-0.067 \times b^*+14452.003 \times NBI-$$
$$9.050 \times b+1.649 \times (R+G-B)+21.663 \times r+14.725 \times S-0.067 \times a^*+14446.259 \times NGI-$$

$1.766 \times G - 14763.645$　　　　　　　　　　　　　　　（4–5）

其中，*SPAD* 为小麦叶绿素含量值。

4.4.3 叶片叶绿素检测模型测试

为测试模型的可靠性，2018 年同期在同一实验田各小区随机采集了 10 幅叶片图像。所有 150 个样本用于验证 4.4.2 节中的 Input11-LR 模型，实验证明模型在 2018 年的数据上表现较稳定，如图 4–12 所示，其 R^2 为 0.716，*RMSE* 为 6.147。

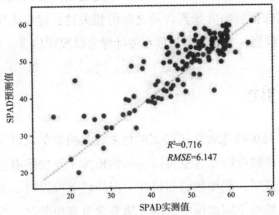

图 4–12　Input11-LR 验证数据集表现

4.5　本章小结

本章首先对叶片尺度叶绿素含量检测建模问题进行了总体分析，在此基础上提出了小麦叶片尺度叶绿素含量的检测方法。该方法包含指标子集选择和建模两部分。在指标子集选择部分提出了基于相关性分析的指标选择方法；在建模部分提出了基于相关度评价的逐步模型输入方式（CBSI）。此外，本章还阐述了研究数据集划分情况和建模算法的参数配置。最后通过对图像评价指标集的相关分析及模型构建，得到了叶片叶绿素最优指标子集和最佳检测模型，为构建小麦叶片尺度叶绿素含量检测模型提供方法借鉴。

5 小麦冠层尺度叶绿素检测方法研究

第四章研究了小麦叶片尺度图像指标与叶绿素含量间的相关性，建立了小麦叶片叶绿素检测模型。本章以小麦冠层尺度图像为研究对象，分析小麦冠层图像信息与叶绿素含量之间的相关性，建立大田环境下小麦冠层叶绿素检测模型，实现冠层尺度小麦叶绿素状况评估。

5.1 引言

叶绿素是植物光合作用必需的色素，是植物健康状况的重要指示器。所以，检测植物叶绿素含量可以为作物植保工作提供有价值的信息。上一章研究已经证明，利用数码相机在大田环境下可以对小麦叶片进行叶绿素含量检测。然而不同部位叶片的叶绿素含量有所差异，且叶片尺度叶绿素含量只能体现作物特定部位的营养状况，对于全面反映植株的生长状况有一定局限性。而小麦植株营养缺乏状况可通过冠层生长状态精确反映。目前，基于冠层图像可见光颜色分量估算农学参数的研究较少[62]，因此进一步开展冠层尺度小麦叶绿素成分含量检测，实时掌握大田环境下的小麦营养空间信息，可为精细农业田间管理提供更全面、更有价值的决策支持。

在冠层尺度开展小麦营养检测研究，除了根据小麦冠层生长特性提取更多适合营养检测的图像评价指标外，还需考虑指标值的计算方法。由于光在空气中沿直线传播，当其照射小麦群体冠层时，叶片表面会发生反射和折射，获取的图像是光线反射到摄像头中被捕捉到的信息。叶片尺度检测只需对准待拍摄叶片，摄像头距离被摄物体较近，不存在太多角度变化，而冠层尺度的拍摄，想要捕捉作物整体性状，就需摄像头距离冠层一定高度。

从不同角度对同一小麦冠层区域进行图像采集时，被拍摄到的部位会不尽相同，获得的图像指标也会存在差异。因此，拍摄角度对图像评价指标的影响是首要考虑的问题。最佳拍摄方案确定后，再选取与小麦叶绿素成分含量相关的冠层尺度图像评价指标集，经过指标选择算法得到冠层图像评价指标子集，最后建立冠层叶绿素含量检测模型，具体方法如图 5-1 所示。

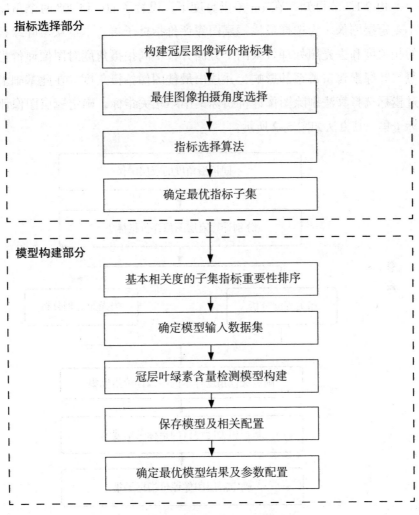

图 5-1 小麦冠层叶绿素含量检测方法

5.2 小麦冠层叶绿素检测图像评价指标选择

5.2.1 冠层图像评价指标选择方法

由 2.1.3 节可知，在 1m 拍摄高度下，设置了 60° 和 90° 两个角度采集小麦冠层图像。为选择最优冠层图像评价指标子集，本章从与叶绿素含量的相关度和去光照处理效果两个方面分析不同拍摄角度对图像评价指标与冠层叶绿素含量关系的影响，并选出最佳图像拍摄角度。在此基础上，通过指标选择算法剔除图像评价指标集中不相关指标，确定冠层图像评价指标子集。其方法如图 5-2 所示。

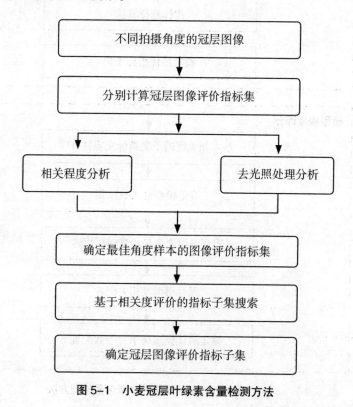

图 5-1 小麦冠层叶绿素含量检测方法

首先计算出两种拍摄角度下冠层图像的评价指标集，在此基础上通过相关分析和去光照处理效果分析两个方面判断不同拍摄角度对图像评价指标的影响，并确定最佳拍摄角度。然后将最佳拍摄角度的图像评价指标集中的所有指标依次进行皮尔逊相关系数计算，判断该指标与作物叶绿素含量的相关度是否大于等于0.6，若满足选择条件，则将其加入指标子集，否则继续搜索，直至搜索完指标集中所有指标。最后得出冠层图像评价指标子集。

5.2.2 冠层图像评价指标子集选择结果

本节从与叶绿素含量相关度和去光照处理两个方面分析，确定最佳拍摄角度及冠层图像叶绿素检测建模样本集。

（1）图像评价指标与叶绿素含量相关度分析

由第三章分别计算两种拍摄方案下各冠层图像评价指标的值，并将其与叶绿素含量进行了相关分析，如图5-3所示。由图可知，不同拍摄方案的图像评价指标值与叶绿素含量的相关度有所差别。去光照处理和对均值指标的算数运算均可以在一定程度上削弱由拍摄角度变化带来的影响，使不同角度拍摄的图像指标相关度差异缩小。由此可以推断对单色图像评价指标进行算数运算可以减弱由于光线变化引起的通道值变化，提高颜色指标的稳定性。除 RGB 颜色空间的原始图像评价指标（均值和标准差）外，几乎所有指标在 90° 拍摄的图像集上的相关度均优于 60° 拍摄的图像集。在 90° 拍摄的图像集中本文提出的拟合指标 *CCFI* 与叶绿素含量的相关度达到了 0.9 左右，是两种拍摄方案的全部图像评价指标中与叶绿素含量相关度最高的。另外，对于指标 *Cover*，垂直拍摄的图像集中与叶绿素含量的相关度比 60° 倾斜拍摄时略高，说明倾斜拍摄会导致冠层覆盖度的误差。因此，从相关度方面分析，拍摄角度为 90° 时采集的样本更适宜小麦冠层叶绿素含量检测研究。

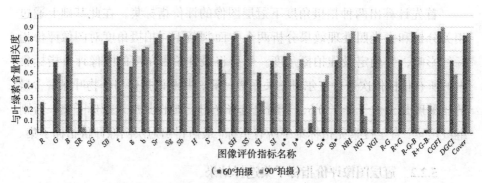

图5-3　不同拍摄角度图像评价指标与叶绿素含量关系

（2）图像评价指标与叶绿素含量去光照处理分析

不同拍摄角度除了会改变被摄物体的位置外，还会因光线角度不同，引起图像评价指标值的计算差异。由3.4.1节可知本文提出的去光照处理方法可以降低数据离散程度，消除部分光线变化对颜色指标的影响，提高检测精度。本节从去光照处理对两种方案的影响角度分析，选择最佳拍摄方案。

图5-4为不同拍摄方案下去光照处理前后红色分量与小麦冠层叶绿素含量之间的关系。R-60和r-60分别表示拍摄角度为60°的图像样本集去光照处理前后红色分量的值；R-90和r-90分别表示拍摄角度为90°的图像样本集去光照处理前后红色分量的值。由图可知，R-60与R-90的数据点更分散，经过去光照处理后的数据整体更集中。从趋势线可以看出，经过去光照处理后r-60与r-90趋势几乎一致，点的分布也较为相似，而未经处理的原指标，在两种角度下有较大差异。从趋势线斜率可以看出，指标R-60与小麦叶绿素含量的相关度更高，但数据点整体也更分散。而R-90与叶绿素含量相关性较弱，但经过去光照处理后，改变明显。且相较于r-60，r-90数据点分布与趋势线走势更吻合，说明90°拍摄的图像红色分量对去光照处理更敏感。

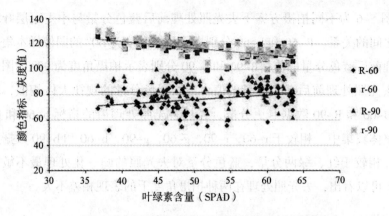

图 5-4　不同拍摄方案下叶绿素检测红色分量分布

图 5-5 为不同拍摄方案下去光照处理前后绿色分量与小麦冠层叶绿素含量之间的关系。G-60 和 g-60 分别代表拍摄角度为 60° 的图像样本集去光照处理前后绿色分量的值；G-90 和 g-90 分别代表拍摄角度为 90° 的图像样本集去光照处理前后绿色分量的值。与红色分量的分布规律大体相似，两种角度下的指标 G 数据点均较分散，经过处理后的指标 g 数据分布整体较集中。从趋势线可以看出，经过去光照处理后 g-60 与 g-90 数据点的分布和线的趋势都趋于相似。而 G-60 与 G-90 样本点分布有些差异。从点的分布规律可以看出，指标 G-60 的数据点分布更集中，但指标 g-90 的数据点却比 g-60 更接近于趋势线。

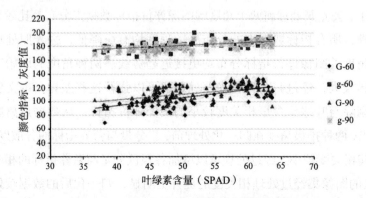

图 5-5　不同拍摄方案下叶绿素检测绿色分量分布

图 5-6 为不同拍摄方案下去光照处理前后蓝色分量与小麦冠层叶绿素含量之间的关系。B-60 和 b-60 分别表示拍摄角度为 60° 的图像样本集去光照处理前后蓝色分量的值；B-90 和 b-90 分别表示拍摄角度为 90° 的图像样本集去光照处理前后蓝色分量的值。与红绿色分量的规律大体相似，原始指标 B-60 和 B-90 数据点更分散，经过去光照处理后的指标 b-60 和 b-90 数据整体较集中。相较于 r-60，r-90，g-60，g-90，b-60 和 b-90 数据点更分散。相较于红、绿两分量，蓝色分量对去光照的归一化处理最不敏感。从图上可以看出，去光照处理在两种拍摄角度下的表现相差不大。

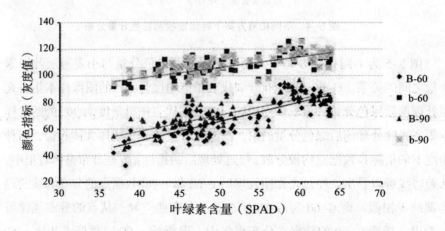

图 5-6　不同拍摄方案下叶绿素检测蓝色分量分布

综上，去光照处理前两个角度的图像评价指标数据点分布都比较分散，经过处理，所有指标数据点的分布离散程度均有所降低，去光照处理后两种拍摄角度的图像评价指标分布均更接近趋势线。两种角度的原始三分量分布差异较大，经过归一化去光照处理，可以弥补这些差异。本文后续处理需要剔除与叶绿素含量相关度较小的图像评价指标，从数据点离散程度可以看出，两种拍摄角度在归一化处理前，三分量与营养指标的分散度较大，相应的其相关度较小，经过处理可以增加各颜色分量与营养指标的相关度。90° 拍摄的图像集经过处理相关度的提升更明显，归一化后的数据较处理前趋势更显著，数据点更集中。故从去光照处理效果方面，选择 90° 为最佳拍摄角度。

另外，由以上两方面的分析可知，不同拍摄角度会对图像评价指标值产生一定影响。所以，在利用数字图像进行大田作物营养检测时，应尽量统一拍摄角度，减少因拍摄方案的不确定导致的随机误差。本小节从相关度和去光照处理两个方面进行了分析，最终确定选择 90° 为小麦冠层叶绿素检测的最佳拍摄角度。

将 90° 拍摄图像的 34 个冠层图像评价指标，按 5.2.1 中的方法将符合条件的原始图像评价指标存入图像评价指标子集。由图 5-3 可知，符合条件的指标子集为：$\{B, SB, r, g, b, Sr, Sb, Sg, H, S, SH, SS, a^*, b^*, Sb^*, NRI, NBI, R-G, R-G-B, CCFI, Cover\}$。

5.3 基于 CBSI 的小麦冠层叶绿素检测模型建立

最佳拍摄方案的选择和指标子集筛选的目的都是得到更精确的营养检测结果。本节在前两节的基础上，基于 CBSI 利用四种回归算法，建立冠层尺度小麦叶绿素含量检测模型，并根据模型评价方法选出最佳检测模型，为大田小麦冠层叶绿素含量检测提供依据。

5.3.1 冠层叶绿素检测模型构建方法及参数设置

首先将 5.2.2 节选出的图像评价指标子集中所有指标按相关度由大到小进行排序，并初始化模型输入数据集，基于 CBSI 将与小麦冠层叶绿素含量相关度最高的图像评价指标加入输入集，并构建检测模型，保存结果。然后将指标子集中相关度次高的指标追加至输入集，构建检测模型并保存评价结果，依次迭代，直至将指标子集中的全部指标引入数据集，最后筛选出检测精度最高的模型及最优配置。具体模型构建方法如下所示。

输入: 图像评价指标子集 ω_1
输出: 冠层叶绿素最优检测模型

1. 初始化输入集 ω_2;
2. ω_1 将中元素根据公式（2-2）计算其与叶绿素含量的相关性，并按相关度由大到小排序;
3. 初始化各模型超参配置空间 P_{sets};
4. while $\omega_1 \neq \omega_2$ do;
5. 将 ω_1 中第一个元素移入 ω_2;
6. for i=1 to 10 splits do;
7. 将 ω_2 划分为训练集 D_i^{train} 和测试集 D_i^{test};
8. for j=1 to 10 splits do;
9. 将 D_i^{train} 划分为 D_j^{train} 和 D_j^{test};
10. foreash p in P_{sets} do;
11. 根据超参集合 p 在 D_j^{train} 上训练模型;
12. 使用 D_j^{test} 比较各超参组合的 R^2 精度;
13. 选择最优参数配置 p^*;
14. end;
15. 使用 D_i^{train} 和 p^* 训练模型;
16. 使用 D_i^{test} 计算模型 R^2 及 $RMSE$;
17. end;
18. 保存模型精度及最优配置;
19. end;
20. 选择最优模型.

小麦冠层图像中包含了比叶片图像更丰富的颜色及长势信息。由 3.5.2 节，小麦冠层图像挖掘了比叶片图像更多的图像评价指标。这些信息量的增加可能会使图像评价指标与作物叶绿素含量之间的关系更加复杂，因此，除 LR 和 RF（参数设置参照 4.3.1 节）外，基于图像评价指标对小麦冠层叶绿素含量检测时还引入了 RR 和 BP-ANN。

（1）RR

图像评价指标大多来自图像各颜色空间特征，而各颜色空间之间是通过数学运算相互转换的。因此，图像评价指标之间可能会存在较高的共线性关系。叶片图像中提取的颜色信息相对较少，仅涉及 4 个颜色空间的均值及几个常用的颜色指数，而冠层尺度图像评价指标集中，除了包含叶片尺度的评价指标外，还有四个颜色空间的标准差指标。随着模型输入指标的增加，冠层营养检测模型的输入数据集各指标之间可能呈高维共线性关系。RR 在最小二乘基础上增加了 L2 正则化惩罚参数，与其他模型相比，RR 能够有效地从多共线性高维数据中提取与小麦矿质养分含量相关的数据信息，同时也可以简化模型，提高模型的健壮性。公式（2-11）中 $\alpha \parallel W \parallel_2^2$ 项为 L2 正则化惩罚项，是控制压缩过程中的正则化参数。值越大，压缩程度越大。在方程中，惩罚残差的目的是减少图像评价指标之间的数据共线性影响。本文将惩罚参数设置为 {0.0001，0.001，0.01，0.1，1，10}。

（2）BP-ANN

BP-ANN是作物叶绿素检测中应用比较广泛的非线性模型。本文将冠层图像评价指标作为输入层，输出层为作物样本对应的叶绿素含量值。为了增加模型的非线性能力，BP-ANN需要调整的参数一般有激活函数、隐含层数及隐含层节点数、权重优化算法、正则化项参数和学习率，综合文献 [20，75-76]和多次实验，本文将网络做如下设置。

① 激活函数：本书小麦冠层叶绿素检测模型设置两种隐含层激活函数 {'relu', 'tanh'}。

relu 函数的定义为 $f(x) = max(0, x)$，由此可以看出 relu 函数可以缩小计算量，可以使一部分神经元的输出为 0，降低激活率，减少参数的相互依存关系，在一定程度上可以缓解模型的过拟合问题。此外，relu 函数的导数为 1，在梯度计算时不会导致梯度变小，可以减轻梯度消失问题。

tanh 函数公式为 $f(x) = tanh(x)$，取值范围为 [-1, 1]，该激活函数在特征相差明显时效果很好，并会在循环过程中不断扩大特征效果。

② 隐含层的节点设计：根据输入图像评价指标子集中指标的个数及样本总数设置了 3 种 {（5），（7，7，7），（10，10）}。

（5）表示网络有 1 个隐含层，隐含层节点数为 5。

（7，7，7）表示网络有 3 个隐含层，隐含层节点数均为 7。

（10，10）表示有 2 个隐含层，隐含层节点数均为 10。

③ 学习率：指神经网络对数据的学习速率，用于更新网络权重，本文设置了两种学习率 {'constant', 'invscaling'}。

constant 表示使用恒定学习率，本文设置为 0.001。

incscaling 表示为随着时间逐步降低学习率。

④ 权重优化算法：根据训练数据样本量权重优化方法设置了 3 种函数 {'lbfgs', 'sgd', 'adam'}。

lbfgs 为利用损失函数二阶导数矩阵（海森矩阵）进行迭代优化，该方法对小型数据集收敛较快，效果很好。

sgd 为随机梯度下降，该方法以损失较小精度和增加迭代次数为代价，换取总体优化效率的提升。

adam 为机遇随机梯度下降优化器，它同时估计了梯度的一阶矩和二阶矩。

⑤ 正则化参数：为了防止数据过拟合，本文将正则化参数设置为 {0.001，0.01，0.1，1，10，100，1000}。

5.3.2　冠层叶绿素检测模型评价方法

冠层营养检测模型构建时，参照 4.3.2 节将全部数据的 70% 随机划分为训练集，30% 划分为测试集，并使用嵌套 10 倍交叉验证方式进行模型精度评估。超参数的搜索方式使用网格搜索策略。模型的评估延用 4.3.2 中的模型评价方法，即使用决定系数 R^2 和均方根误差 $RMSE$。

5.4　小麦冠层叶绿素检测模型构建结果及分析

5.4.1　冠层图像评价指标与叶绿素含量相关分析结果

将 90° 拍摄图像样本的冠层图像评价指标与小麦叶绿素含量进行皮尔逊相关系数计算。各指标与叶绿素含量的相关分析结果如表 5-1 所示。由表可知，针对小麦冠层生长特性提出的颜色标准差指标 SB，Sr，Sg，Sb，

SH，SS，Sb^* 等均与叶绿素含量有较高的相关度。从拥有高相关度的指标数量方面和相关系数值方面分析，标准差指标均优于均值指标。说明本文提出的颜色标准差指标能够较好地反映作物叶绿素含量，尤其是 RGB 空间去光照处理后的标准差指标 Sr，Sg，Sb 与叶绿素含量的相关度均大于 0.8，达到了极强相关关系。此外，基于小麦生长特性的冠层覆盖度指标 Cover 与叶绿素含量也拥有较强的相关性，相关系数达到了 0.848。本文提出的拟合指标 CCFI 与叶绿素含量的相关性高达 0.900，是全部指标中与叶绿素含量相关性最高的。这说明，本文针对小麦冠层尺度叶绿素检测提出的检测指标集是有效的。另外，基本组合指标 NRI，NBI 与小麦冠层叶绿素含量之间也存在良好的相关性，这与夏莎莎[77-78]在玉米和小麦、陈敏[36]在棉花上的研究结果一致。

从颜色空间角度分析，与叶片叶绿素检测类似，原始图像均值指标中，HSI 颜色空间对小麦冠层叶绿素含量的解释能力最优，其次是 La*b* 颜色空间，RGB 颜色空间最差，这与黄芬等[62]的研究结果一致。其中，RGB 颜色空间仅有指标 B 和 SB 与叶绿素含量有较好的相关关系，其余各指标与叶绿素均未表现出明显的相关度，但 RGB 颜色空间经去光照处理后各指标的预测能力均有一定提升，rgb 颜色空间的所有指标与叶绿素含量的相关度均在 0.6 以上。

另外，绝大多数相关度高的检测指标与叶绿素含量呈负相关关系，这是由于营养缺乏状态下小麦植株长势羸弱，随着施肥水平的增加，作物叶绿素含量升高，冠层叶片颜色加深，植株对大部分可见光波段的吸收增强，导致冠层反射系数降低。（见表 5-1）

表 5-1 小麦冠层图像指标与叶绿素含量相关分析

指标名称	相关系数	指标名称	相关系数
R	0.006	SI	0.269
G	0.497	L	0.509
B	0.763	a^*	−0.678
SR	−0.044	b^*	−0.623

指标名称	相关系数	指标名称	相关系数
SG	−0.006	SL	−0.224
SB	0.693	Sa^*	−0.490
r	−0.740	Sb^*	−0.715
g	0.699	NRI	−0.863
b	0.722	NGI	−0.140
Sr	−0.836	NBI	0.839
Sg	−0.840	$R−G$	−0.830
Sb	−0.844	$R+B$	0.499
H	−0.844	$R−G−B$	−0.835
S	−0.795	$R+G−B$	−0.233
I	0.505	$CCFI$	0.900
SH	−0.842	$DGCI$	−0.501
SS	−0.822	$Cover$	0.848

图 5-7、5-8 为拟合指标 $CCFI$ 和冠层覆盖度指标 $Cover$ 与冠层叶绿素含量的关系式。

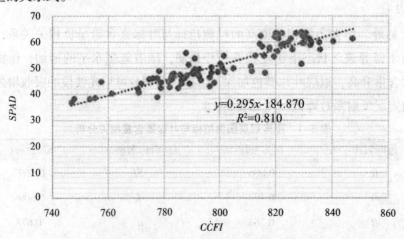

$$y=0.295x-184.870$$
$$R^2=0.810$$

图 5-7 $CCFI$ 对冠层叶绿素含量预测

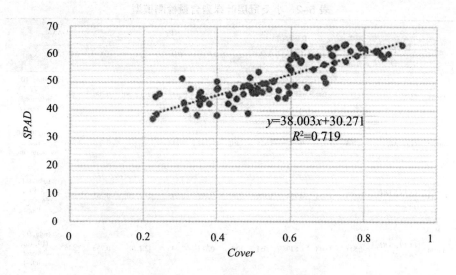

图 5-8 Cover 对冠层叶绿素含量预测

由图 5-7 可知，*CCFI* 与小麦冠层叶绿素含量的关系式如式 5-1 所示，该式的决定系数 R^2 为 0.810。

$$y = 0.295 \times CCFI - 184.870 \tag{5-1}$$

由图 5-8 可知，*Cover* 与小麦冠层叶绿素含量的关系式如式 5-2 所示，该式的决定系数 R^2 为 0.719。

$$y = 38.003 \times Cover - 30.271 \tag{5-2}$$

5.4.2 冠层叶绿素含量模型构建及结果分析

本节利用 5.2 及 5.3 节所述的方法对小麦冠层叶绿素含量进行检测模型构建，由表 5-1 可知，按指标选择流程进入顺序依次是：*CCFI*，*NRI*，*Cover*，*Sb*，*H*，*SH*，*Sg*，*NBI*，*Sr*，*R-G-B*，*R-G*，*SS*，*S*，*B*，*r*，*b*，sb^*，*g*，*SB*，a^*，b^*，为验证指标选择方法的有效性，还使用全部 34 个指标建立了模型进行对比分析。最终结果如表 5-2 所示。

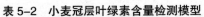

表 5-2 小麦冠层叶绿素含量检测模型

输入编号	指标	LR		RR			RF			BP-ANN		
		R^2	RMSE	R^2	RMSE	参数	R^2	RMSE	参数	R^2	RMSE	参数
Input1	CCFI	0.773	3.384	0.774	3.385	{1}	0.751	3.441	{2, 1, 20}	0.786	3.207	{relu, 10, (7, 7, 7), invscaling, lbfgs}
Input2	CCFI, NRI	0.766	3.427	0.760	3.515	{10}	0.747	3.412	{2, None, 20}	0.786	3.216	{relu,10,(10, 10), constant, lbfgs}
Input3	CCFI, NRI, Cover	0.785	3.326	0.793	3.304	{10}	0.798	3.295	{2, 1, 20}	0.763	3.397	{relu, 0.1, (5), constant, lbfgs}
Input4	CCFI, NRI, Cover, Sb	0.818	3.043	0.819	3.051	{0.1}	0.781	3.446	{2,2,20}	0.736	3.446	{relu, 0.1, (10, 10), constant, lbfgs}
Input5	CCFI, NRI, Cover, Sb, H	0.823	2.975	0.823	3.023	{0.1}	0.748	3.351	{2, 4, 10}	0.807	2.921	{relu, 0.1, (5), constant, lbfgs}
Input6	CCFI, NRI, Cover, Sb, H, SH	0.828	2.913	0.828	2.945	{0.1}	0.763	3.442	{2, 2, 20}	0.806	3.044	{relu, 10, (10, 10), invscaling, lbfgs}
Input7	CCFI, NRI, Cover, Sb, H, SH, Sg	0.830	2.831	0.837	2.851	{0.1}	0.747	3.519	{2, 5, 10}	0.819	2.979	{relu, 10, (10, 10), invscaling, lbfgs}
Input8	CCFI, NRI, Cover, Sb, H, SH, Sg, NBI	0.827	2.839	0.838	2.825	{0.01}	0.763	3.428	{2, 3, 10}	0.835	2.881	{relu, 1, (5), constant, lbfgs}
Input10	CCFI, NRI, Cover, Sb, H, SH, Sg, NBI, Sr, R-G-B	0.812	3.065	0.815	3.093	{10}	0.757	3.470	{2, 5, 20}	0.812	3.499	{relu, 1, (10, 10), constant, sgd}
Input11	CCFI, NRI, Cover, Sb, H, SH, Sg, NBI, Sr, R-G-B, R-G	0.810	3.085	0.814	3.110	{10}	0.780	3.495	{9, 1, 20}	0.780	3.338	{relu, 1, (5), invscaling, lbfgs}

续表

输入编号	指标	LR		RR			RF			BP-ANN		
		R^2	RMSE	R^2	RMSE	参数	R^2	RMSE	参数	R^2	RMSE	参数
Input12	CCFI, NRI, Cover, Sb, H, SH, Sg, NBI, Sr, R-G-B, R-G, SS	0.808	3.114	0.813	3.117	{10}	0.717	3.589	{2, 5, 10}	0.821	3.051	{relu, 10, (5), invscaling, lbfgs}
Input13	CCFI, NRI, Cover, Sb, H, SH, Sg, NBI, Sr, R-G-B, R-G, SS, S	0.801	3.188	0.813	3.122	{10}	0.762	3.668	{2, 4, 20}	0.824	3.014	{relu,10,(5), constant, lbfgs}
Input14	CCFI, NRI, Cover, Sb, H, SH, Sg, NBI, Sr, R-G-B, R-G, SS, S, B	0.801	3.186	0.814	3.113	{10}	0.727	4.053	{1, 4, 20}	0.815	3.118	{tanh, 100, (5), constant, sgd}
Input15	CCFI, NRI, Cover, Sb, H, SH, Sg, NBI, Sr, R-G-B, R-G, SS, S, B,	0.796	3.225	0.813	3.130	{10}	0.720	3.689	{2, 5, 10}	0.808	3.174	{relu,100,(10, 10), invscaling, lbfgs}
Input16	CCFI, NRI, Cover, Sb, H, SH, Sg, NBI, Sr, R-G-B, R-G, SS, S, B, r, b	0.699	4.078	0.814	3.119	{10}	0.713	3.675	{2, None, 10}	0.807	3.169	{relu,100{5}, invscaling, lbfgs}
Input17	CCFI, NRI, Cover, Sb,H, SH, Sg, NBI, Sr, R-G-B, R-G, SS, S, B, r, b, Sb*	0.653	4.421	0.813	3.122	{10}	0.737	3.614	{2, 4, 10}	0.806	3.169	{relu,100{5}, invscaling, lbfgs}
Input18	CCFI, NRI, Cover, Sb, H, SH, Sg, NBI, Sr, R-G-B, R-G, SS, S, B, r, b, Sb*, g	0.653	4.421	0.812	3.131	{10}	0.734	3.704	{2, 2, 10}	0.805	3.170	{relu, 100, (10, 10), invscaling, lbfgs}
Input19	CCFI, NRI, Cover, Sb, H, SH, Sg, NBI, Sr, R-G-B, R-G, SS, S, B, r, b, Sb*, g, SB	0.681	4.202	0.807	3.178	{10}	0.708	3.441	{5, 2, 10}	0.811	3.162	{relu, 100, (5), invscaling, lbfgs}

续表

输入编号	指标	LR		RR			RF			BP-ANN		
		R^2	RMSE	R^2	RMSE	参数	R^2	RMSE	参数	R^2	RMSE	参数
Input20	CCFI, NRI, Cover, Sb,H, SH, Sg, NBI, Sr, R-G-B, R-G, SS, S, B, r, b, Sb*, g, SB, a*,	0.183	4.180	0.807	3.181	{10}	0.743	3.658	{2, 4, 20}	0.807	3.179	{relu, 100, (5), constant, lbfgs}
Input21	CCFI, NRI, Cover, Sb, H, SH, Sg, NBI, Sr, R-G-B, R-G, SS, S, B, r, b, Sb*, g, SB, a*, b*	0.666	4.306	0.809	3.160	{10}	0.752	3.575	{2, 2, 50}	0.809	3.150	{relu, 100, (10, 10), invscaling, lbfgs}
Input22	ALL	0.640	4.523	0.819	3.046	{0.01}	0.744	3.719	{2, 4, 50}	0.805	3.125	{relu, 10, (5), invscaling, lbfgs}

由表 5-2 可以看出，相较于全部指标建立的模型，经过指标选择后指标子集构建的最优模型均能在不同程度上提高预测精度，降低输入数据维度。

LR 在模型构建过程中随输入集的变化，预测结果变化幅度最大。大体上，随着输入维度的增加，模型精度呈下降趋势。在 7 个指标输入时，预测效果最佳。其 R^2 的值为 0.830，RMSE 的值为 2.831。相较于全部指标建模，Input7-LR 模型在精确度 R^2 上提高了 29.688%，残差 RMSE 降低了 37.409%，指标数仅占全部指标的 20.588%。

RR 模型的预测表现较稳定，Input4 以后 RR 的决定系数均保持在 0.8 以上，且随着输入维度的持续增加，预测精度并没有表现出明显的下降趋势。在 Input8 时 RR 的预测精确度最高。此时，R^2 的值为 0.838，RMSE 的值为 2.825，最优正则化参数。相较于全部指标建模，Input8-RR 模型在精确度 R^2 上提高了 2.320%，残差 RMSE 降低了 7.255%，输入指标数占指标全集的

23.529%。

RF 模型的预测精度整体偏低，所有模型的 R^2 均在 0.8 以下。其中预测精度最高的模型是前 3 个指标作为输入构建的检测模型，指标数使用较少，该模型 R^2 的值为 0.798，$RMSE$ 的值为 3.295。对应的最优参数配置是：森林中树木数量为 2，最佳分割时参考的特征数量为 1，树的最大深度 20。相较于全部指标建模，Input3–RF 模型在精确度 R^2 上提高了 7.258%，残差 $RMSE$ 降低了 11.401%，指标数只用了全集的 8.824%。

BP-ANN 模型在进行小麦冠层叶绿素检测时也取得了较好的预测精度，大多数输入集构建的模型 R^2 能达到 0.8 以上。其中预测性能最优的模型是前 8 个指标作为输入数据构建的检测模型，该模型 R^2 的值为 0.835，$RMSE$ 的值为 2.881。最优模型是一个三层 BP-ANN，隐含层包含 5 个节点，隐含层激活函数使用 relu，用于权重更新的学习率恒定为 0.001，正则化参数为 1，并利用损失函数二阶导数矩阵（海森矩阵）进行迭代优化。相较于图像评价指标全集建模，Input8–BP-ANN 模型决定系数 R^2 提高了 3.727% 的同时残差 $RMSE$ 降低了 7.808%，指标数仅使用了全集的 23.529%。

图 5–9 和 5–10 为不同输入集进入模型，各回归算法进行冠层叶绿素含量检测时决定系数 R^2 和均方根误差 $RMSE$ 的变化情况，其中横轴为输入数据对应的编号，纵轴分别为对应的决定系数 R^2 和均方根误差 $RMSE$ 的值。

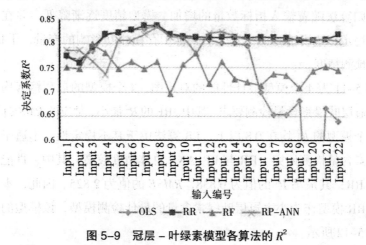

图 5–9 冠层 – 叶绿素模型各算法的 R^2

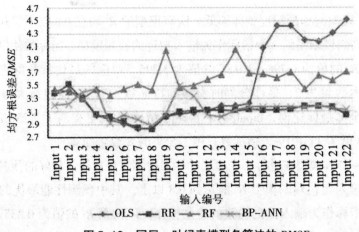

图 5-10　冠层 - 叶绿素模型各算法的 *RMSE*

由图 5-10 可知，与小麦叶片叶绿素含量检测相比，冠层叶绿素的检测模型精度有所提升，出现这样的结果可能是由于小麦冠层图像中包含更多解释作物营养情况的特征，例如冠层覆盖度、颜色标准差等。两幅图综合分析，可以看出，RF 整体精度最低。无论是决定系数还是均方根误差，RF 的表现较其他三个模型略差。从模型稳定性上分析 RR 和 BP-ANN 的稳定性较好，随着输入指标的变化，这两个模型的精度变化相对较平稳，且模型精度也可以满足预测要求。而 LR 得到的一部分模型结果虽然可以满足预测要求，但该回归算法随着输入指标数量的增加，模型精度逐渐降低，并在后期表现极不稳定，这可能是由于输入的指标中存在相互影响的变量，干扰了 LR 模型的预测精度。

图 5-11 为 4 个模型最佳性能的对比图，4 个模型的最高精度均能够满足小麦冠层叶绿素含量检测要求。其中，RF 的 R^2 最小，对应的 *RMSE* 值最高；其余 3 个模型的 R^2 均在 0.8 以上。LR 算法由于其不稳定性，不适于小麦冠层叶绿素含量检测研究。RR 与 BP-ANN 总体精度较高，其中，性能表现最好的是 RR，其最高 R^2 的值为 0.838，*RMSE* 的值为 2.825。因此，本文选择 Input8-RR 模型作为小麦冠层叶绿素含量的最佳检测模型，该模型的预测表现如图 5-12 所示。

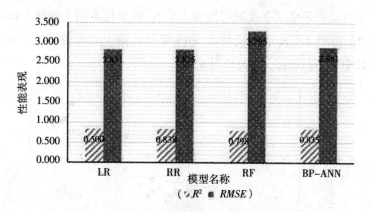

图 5-11　冠层－叶绿素检测各算法最优模型表现

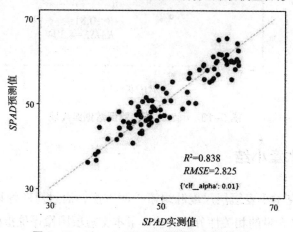

图 5-12　Input8-RR 预测值与实测值比较

由图 5-12 可知，拥有 8 个输入指标的 RR 模型在评估小麦冠层叶绿素值时准确率最高，得到的小麦冠层叶绿素最佳诊断模型为：

$$SPAD=35.881 \times CCFI+14.085 \times NRI+0.865 \times Cover+23.684 \times Sb-$$
$$0.623 \times H-0.097 \times SH-9.069 \times Sg-3.368 \times NBI+51.103 \qquad （5-3）$$

其中，SPAD 为小麦叶绿素含量值。

5.4.3　冠层叶绿素检测模型测试

为测试模型的可靠性，2019 年同期在同一实验田采用 90° 拍摄方案在各施肥小区随机采集了 2 幅冠层图像。所有 30 个样本用于验证 5.4.2 节中的 Input8–RR 模型，实验证明模型在 2019 年的数据上表现较稳定，如图 5–13 所示。其中 R^2 为 0.810，$RMSE$ 为 4.304。

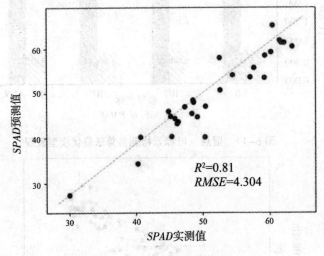

图 5–13　Input8–RR 验证数据集表现

5.5　本章小结

　　本章研究了小麦冠层尺度叶绿素检测方法，通过对图像评价指标与小麦冠层叶绿素含量的相关性分析，验证了本文冠层图像评价指标的有效性；分析了 LR、RR、RF 以及 BP-ANN 算法对小麦冠层图像叶绿素含量的预测能力，确定了冠层叶绿素检测方法，建立了小麦冠层叶绿素含量检测模型。根据检测方法，首先从指标与作物叶绿素含量的关联度和去光照处理方法对指标的影响两个方面对小麦冠层尺度的拍摄方案进行了分析，确定了最佳拍摄角度，在此基础上使用最佳拍摄方案下的样本数据进一步优选图像指标子集，进而对小麦冠层叶绿素含量进行模型构建及结果分析，选出了最优的小麦冠层叶绿素含量检测模型。为验证模型的稳定性，次年在同一实验田进行了进一步实验，验证了模型的可用性和有效性。

6 结论与展望

6.1 结论

本文以我国种植最广泛的粮食作物之一冬小麦为研究对象，以数字图像处理技术为研究手段，通过大田变量施肥实验，分别获取了拔节期小麦叶片尺度和小麦冠层尺度的图像信息及其对应的叶绿素含量，综合运用数字图像处理技术及数据挖掘算法，研究了小麦营养状况与叶片图像、冠层图像之间的关系，分析了不同模型在小麦营养检测方面的表现，建立了小麦叶片和冠层尺度叶绿素含量检测模型。本文的主要研究结论如下：

①针对大田环境小麦叶片和冠层目标提取问题，分析了两种图像的特征，分别给出了两种尺度下的小麦目标图像提取方法。根据叶片图像前景与背景差异较大的特点，采用了迭代分割算法将目标叶片与背景分离，并通过实验验证了方法的有效性；针对小麦冠层图像光照不均匀、土壤及杂草等干扰较多的问题，分析了土壤、冠层以及阴影部分的像素点颜色特征，提出了基于 RGB 空间的灰度阈值分割方法，实现了小麦冠层目标的提取。实验结果表明，该方法能够较完整地提取出小麦冠层目标图像，克服细小叶片的过分割现象，较完整地保留冠层信息。

②结合小麦生长特性和颜色特征构建了一套小麦图像评价指标集。首先，为削弱光照对大田小麦图像的影响，引入了 HSI 和 La^*b^* 颜色空间的均值指标以及前人研究得到的一些基本组合指标；同时，结合混合型颜色空间 RGB 的特点，提出了一组不变矩构造了 rgb 颜色空间，并针对现有构造特征的不足，使用步进拟合的方式，拟合了组合颜色特征指数 CCFI。在此基础上，在小麦冠层尺度还结合作物生长特性和颜色特征增加了各颜色分

量标准差指标和冠层覆盖度参数。得到了一组融合多颜色空间及生长特性的小麦图像评价指标集。实验结果表明，在全部实验中，拟合指标 *CCFI* 与小麦叶绿素含量之间的相关性均是所有图像评价指标中最高的；在小麦叶片图像中，HSI 和 La*b* 颜色空间颜色各指标表现优于 RGB 颜色空间指标；小麦冠层图像中，颜色标准差和覆盖度指标都与叶绿素含量有较高的相关度，从拥有高相关度的指标数量和相关系数值两方面，标准差指标表现均优于均值指标；本文提出的图像评价指标集能够较好地反映作物营养状况，可为小麦叶绿素检测图像评价指标提取提供参考。

③构建了小麦叶片尺度叶绿素含量检测模型。融合了多个颜色空间提取了叶片图像评价指标集，分析了各指标与叶绿素含量的相关度，发现红色分量和蓝色分量对本文提出的去光照处理更敏感。La*b* 颜色空间与小麦叶片叶绿素含量相关度最高，尤其是指标 b^*，相关系数为 -0.830；提出了基于相关性分析的指标选择方法，选择了指标子集，基于 CBSI 分别建立了 LR 和 RF 模型，并使用嵌套交叉验证搜索模型的最优配置、评价模型精度。实验表明，本书提出的基于相关性分析的指标选择方法能在一定程度上提高各算法的精度；建立的小麦叶片叶绿素含量最优检测模型为与叶绿素含量相关度最高的 11 个指标（*CCFI*，*NRI*，b^*，*NBI*，*b*，*R+G-B*，*r*，*S*，a^*，*NGI*，*G*）建立的 LR 模型，最优模型的 R^2 为 0.727，*RMSE* 为 5.005，并在次年数据上做了模型有效性验证，验证结果的 R^2 为 0.716，*RMSE* 为 6.147。

④构建了小麦冠层尺度叶绿素检测模型。结合小麦植株生长特性和颜色特征提取了一组小麦冠层图像评价指标集，从图像评价指标与叶绿素含量的相关度和去光照处理效果两个方面分析确定了小麦冠层最佳图像采集角度为 90°，并详细分析了 90° 拍摄方案下各指标与叶绿素含量的相关性，发现本书提出的颜色标准差和冠层覆盖度指标能很好地反映作物冠层叶绿素情况。进一步使用基于相关性分析的指标选择方法结合 CBSI 分别建立了 LR、RR、RF、BP-ANN 模型。实验表明，基于相关性分析的指标选择方法在冠层尺度检测中仍能提高各算法的精度，降低输入维度；经过模型构建，确定的小麦冠层叶绿素含量最优检测模型为与叶绿素含量相关度最高的 8

个指标（*CCFI*，*NRI*，*Cover*，*Sb*，*H*，*SH*，*Sg*，*NBI*）建立的 RR 模型，最优模型的 R^2 为 0.838，*RMSE* 为 2.825，并在次年数据上做了模型有效性验证，验证 R^2 为 0.810，*RMSE* 为 4.304，为大田环境基于数字图像的小麦冠层叶绿素含量检测提供了依据。

6.2 展望

本书主要研究了基于数字图像的小麦叶绿素及氮素检测模型，取得了一定的成果，今后工作尚需从以下几个方面进行深入研究。

①本研究主要挖掘了小麦的颜色信息，下一步可考虑引入叶片的纹理信息等其他可衡量作物矿质元素的图像指标，且后续可使用数据增强方法扩大数据集，再进一步深入探讨。

②本研究针对小麦的叶绿素和氮素营养进行了探讨，下一步可将研究拓展到磷、钾等其他叶绿素成分。

③本研究从叶片和冠层两个尺度开展了小麦叶绿素成分含量检测方法研究，后续可构建更多尺度、适用不同区域、不同作物的营养检测模型库，以提升模型的通用性。

参考文献

[1] 王利民，刘佳，季富华，等．中国小麦面积种植结构时空动态变化分析
    [J]．中国农学通报，2019，35（18）：12-23．

[2] 何进尚，张维军，时项锋，等．2004—2016年宁夏小麦播种面积及产量
    变化趋势分析[J]．甘肃农业科技，2020（Z1）：38-45．

[3] 杨彪，杜荣宇，杨玉，等．便携式植物叶片叶绿素含量无损检测仪设计
    与试验[J]．农业机械学报，2019，50（12）：180-186．

[4] 石吉勇，李文亭，胡雪桃，等．基于叶绿素叶面分布特征的黄瓜氮镁元
    素亏缺快速诊断[J]．农业工程学报，2019，35（13）：170-176．

[5] 石吉勇，李文亭，郭志明，等．基于叶面叶绿素分布特征的黄瓜叶片氮
    钾元素亏缺诊断[J]．农业机械学报，2019，50（08）：264-269．

[6] 史培华，王远，袁政奇，等．基于冠层RGB图像的冬小麦氮素营养指标
    监测[J/OL]．南京农业大学学报：1-13[2020-05-20]．http：//kns.
    cnki．net/kcms/detail/32．1148．S．20200513．1755．002．html．

[7] 陶惠林，徐良骥，冯海宽，等．基于无人机高光谱遥感数据的冬小麦
    产量估算[J/OL]．农业机械学报：1-15[2020-05-20]．http：//kns.
    cnki．net/kcms/detail/11．1964．S．20200506．1518．024．html．

[8] 贾彪，贺正．基于有效积温的玉米冠层图像特征参数分析[J]．中国土
    壤与肥料，2020（02）：159-165．

[9] 刘慧力，贾洪雷，王刚，等．基于深度学习与图像处理的玉米茎秆识别
    方法与试验[J]．农业机械学报，2020，51（04）：207-215．

[10] 王延仓，张萧誉，金永涛，等. 基于连续小波变换定量反演冬小麦叶片含水量研究[J/OL]. 麦类作物学报，2020（04）：1-7[2020-05-20]. http：//kns. cnki. net/kcms/detail/61. 1359. S. 20200417. 1343. 026. html.

[11] 赵静，李志铭，鲁力群，等. 基于无人机多光谱遥感图像的玉米田间杂草识别[J]. 中国农业科学，2020，53（08）：1545-1555.

[12] 付元元，杨贵军，段丹丹，等. AVIRIS高光谱数据空-谱特征在植被分类中的对比分析[J]. 智慧农业（中英文），2020，2（01）：68-76.

[13] 杨海波，李斐，张加康，等. 基于高光谱指数估测马铃薯植株氮素浓度的敏感波段提取[J]. 植物营养与肥料学报，2020，26（03）：541-551.

[14] 吴启侠，谭京红，朱建强，等. 花铃期受涝棉花的高光谱-光合特征及关系模型[J]. 农业工程学报，2020，36（06）：142-150.

[15] 白青蒙，韩玉国，彭致功，等. 利用叶面积指数优化冬小麦高光谱水分预测模型[J/OL]. 应用与环境生物学报：1-11[2020-05-20]. https：//doi. org/10. 19675/j. cnki. 1006-687x. 2019. 09020.

[16] 李源彬，李凌，穆炯. 基于图像特征的黄瓜叶片叶绿素含量分布测试方法[J/OL]. 山东农业大学学报（自然科学版），2020（06）：1-6[2020-05-20]. http：//kns. cnki. net/kcms/detail/37. 1132. S. 20200109. 1652. 006. html.

[17] 李燕丽，雷仁清，宋潇，等. 渍害胁迫下基于数字图像的小麦叶绿素估算研究[J]. 湖北农业科学，2019，58（23）：197-201.

[18] 张沛健，尚秀华，吴志华. 基于图像处理技术的5种红树林叶片形态特征及叶绿素相对含量的估测[J]. 热带作物学报，2020，41（03）：496-503.

[19] Vesali F, Omid M, Kaleita A, et al. Development of an android

app to estimate chlorophyll content of corn leaves based on contact imaging[J]. Computers and electronics in agriculture, 2015, 116: 211-220.

[20] 黄玉祥，张庆凯，李卫，等. 农业全程机械化生产要素集聚特征及发展策略[J]. 中国农机化学报，2017, 38 (08): 112-115.

[21] 罗锡文，廖娟，胡炼，等. 提高农业机械化水平促进农业可持续发展[J]. 农业工程学报，2016, 32 (01): 1-11.

[22] 苏恒强，朱春娆，温长吉. 组合预测方法在玉米施肥预测中的应用[J]. 吉林农业大学学报，2010, 32 (03): 312-315.

[23] 李岚涛. 冬油菜氮素营养高光谱特异性及定量诊断模型构建与推荐追肥研究[D]. 武汉：华中农业大学，2018.

[24] Wang Y, Wang D, Shi P, et al. Estimating rice chlorophyll content and leaf nitrogen concentration with a digital still color camera under natural light. Plant methods. 2014; 10 (1): 36.

[25] Kawashima S, Nakatani M. An algorithm for estimating chlorophyll content in leaves using a video camera. Annals of botany. 1998; 81 (1): 49-54.

[26] Vollmann J, Walter H, Sato T, et al. Digital image analysis and chlorophyll metering for phenotyping the effects of nodulation in soybean[J]. Computers and electronics in agriculture, 2011, 75 (1): 190-195.

[27] Shibayama M, Sakamoto T, Takada E, et al. Estimating rice leaf greenness (SPAD) using fixed-point continuous observations of visible red and near infrared narrow-band digital images[J]. Plant production science, 2012, 15 (4): 293-309.

[28] Lee K J, Lee B W. Estimation of rice growth and nitrogen

nutrition status using color digital camera image analysis[J]. European journal of agronomy, 2013, 48: 57–65.

[29] 娄卫东, 林宝刚, 周洪奎, 华水金, 胡昊. 基于图像特征的油菜叶绿素含量快速估算[J/OL]. 浙江农业科学: 1–5[2022–03–22]. DOI: 10. 16178/j. issn. 0528–9017. 20213238.

[30] 陈佳悦, 姚霞, 黄芬, 等. 基于图像处理的冬小麦氮素监测模型[J]. 农业工程学报, 2016, 32 (04): 163–170.

[31] Wang Y, Wang D, Zhang G, et al. Estimatingnitrogen status of rice using the image segmentation of G–R thresholding method[J]. Field crops research, 2013, 149 (149): 33–39.

[32] Karcher D E, Richardson M D, Purcell L C. Quantifying Turfgrass Cover Using Digital Image Analysis[J]. Crop ence, 2001, 41 (6): 1884–1888.

[33] Rorie R L, Purcell L C, Karcher D E, et al. The Assessment of leaf nitrogen in corn from digital images[J]. Crop science, 2011, 51 (5): 2174.

[34] 李红军, 张立周, 陈曦鸣, 等. 应用数字图像进行小麦氮素营养诊断中图像分析方法的研究[J]. 中国生态农业学报, 2011, 19 (01): 155–159.

[35] 高林, 杨贵军, 李红军, 等. 基于无人机数码影像的冬小麦叶面积指数探测研究[J]. 中国生态农业学报, 2016, 24 (09): 1254–1264.

[36] 陈敏, 郑曙峰, 刘小玲, 等. 基于数码图像识别的棉花氮营养诊断研究[J]. 农学学报, 2017, 7 (07): 77–83.

[37] 王连君, 宋月. 应用数字图像技术对葡萄进行氮素营养诊断的研究[J]. 农业科技通讯, 2017 (07): 186–189.

[38] 宋月. 数字图像技术在葡萄氮素营养诊断中的应用研究[D]. 长春: 吉

林农业大学，2017.

[39] 高洪燕. 生菜生长信息快速检测方法与时域变量施肥研究[D]. 镇江：江苏大学，2015.

[40] Mao Hanping, Gao Hongyan , Xiaodong Zhang, et al. Nondestructive measurement of total nitrogen in lettuce by integrating spectroscopy and computer vision[J]. scientia horticulturae, 2015, 184: 1-7.

[41] 马莉莉. 大豆叶片视觉信息提取及氮素缺超诊断模型研究[D]. 哈尔滨：东北农业大学，2011.

[42] 康小燕. 基于计算机视觉的生菜氮素营养检测的研究[D]. 南京：南京农业大学，2013.

[43] Jia L, Buerkert A, Chen X, et al. Low-altitude aerial photography for optimum N fertilization of winter wheat on the North China Plain. Field crops research, 89: 389-395.

[44] Saberioon M, Soom M A M, Wayayok A, et al. Multispectral images tetracam agriculture digital to estimate nitrogen and grain yield of rice at different growth stages[J]. Philippine agricultural scientist, 2013, 96（1）: 108-112.

[45] Riccardi M, Mele G, Pulvento C, et al. Non-destructive evaluation of chlorophyll content in quinoa and amaranth leaves by simple and multiple regression analysis of RGB image components. Photosynthesis research. 2014; 120（3）: 263-272.

[46] Sulistyo S B, Woo W L, Dlay S S, et al. Ensemble neural networks and image analysis for on-site estimation of nitrogen content in plants[C]. sai intelligent systems conference, 2016: 103-118.

[47] Sulistyo S B, Woo W L, Dlay S S, et al. Regularized neural

networks fusion and genetic algorithm based on-field nitrogen status estimation of wheat plants[J]. IEEE transactions on industrial informatics, 2017, 13 (1) : 103-114.

[48] Cavallo D P, Cefola M, Pace B, et al. Contactless and non-destructive chlorophyll content prediction by random forest regression: A case study on fresh-cut rocket leaves[J]. Computers and electronics in agriculture, 2017, 140: 303-310.

[49] Zhou L, Yuan Y, Song Y, et al. Research on estimation of wheat chlorophyll using image processing technology. In: MATEC Web of Conferences. Zhuhai, China; 2017. 128: 01007.

[50] Yuzhu H. Nitrogen determination in pepper (Capsicum frutescens L.) plants by color image analysis (RGB)[J]. African journal of biotechnology, 2011, 10 (77) .

[51] 秦小立, 叶露, 李玉萍, 等. 基于图像处理的作物营养诊断研究进展 [J]. 热带农业科学, 2016, 36 (09) : 101-108.

[52] Maria Alejandra Culman, Jairo Alejandro Gómez, Jesús Talavera, et al. A novel application for identification of nutrient deficiencies in Oil palm using the internet of things[C]// 5th IEEE international conference on mobile cloud computing, services, and engineering. IEEE, 2017.

[53] 陈利苏. 基于机器视觉技术的水稻氮磷钾营养识别和诊断[D]. 杭州: 浙江大学, 2014.

[54] 关海鸥, 马晓丹, 黄燕, 等. 基于支持向量机的农作物缺素症状诊断 方法[J]. 科技创新与应用, 2016 (05) : 43.

[55] Li J H, Wang F, Li J W, et al. Multifractal methods for rapeseed nitrogen nutrition qualitative diagnosis modeling[J].

International journal of biomathematics, 2016, 09（04）：1650064.

[56] Amin S R M, Awang R. Automated detection of nitrogen status on plants: performance of image processing techniques. In: SCOReD 2018 IEEE student conference on research and development. Selangor, Malaysia; 2018. p. 1-4.

[57] 周利亚. 基于图像处理的小麦氮素营养诊断[D]. 保定：河北农业大学，2018.

[58] Borhan M S, Satter M A, Gu H, et al. Evaluation of computer imaging technique for predicting the SPAD readings in potato leaves[J]. Information processing in agriculture, 2017, 4（4）.

[59] 翁玲云，杨晓卡，吕敏娟，等. 长期不同施氮量下冬小麦-夏玉米复种系统土壤硝态氮累积和淋洗特征[J]. 应用生态学报，2018，29（08）：2551-2558.

[60] 辛思颖，翁玲云，吕敏娟，等. 施氮量对冬小麦-夏玉米土壤氮素表观盈亏的影响[J]. 水土保持学报，2018，32（02）：257-263+269.

[61] 翁玲云. 氮肥用量及管理模式对冬小麦-夏玉米体系碳氮足迹的影响[D]. 保定：河北农业大学，2019.

[62] 黄芬，高帅，姚霞，等. 基于机器学习和多颜色空间的冬小麦叶片氮含量估算方法研究[J]. 南京农业大学学报，2020，43（02）：364-371.

[63] 籍凯. 基于图像处理的苗期小麦计数系统的设计与实现[D]. 保定：河北农业大学，2019.

[64] 周利亚，苑迎春，宋宇斐，等. 基于图像处理的小麦叶绿素估测模型研究[J]. 河北农业大学学报，2018，41（02）：105-109.

[65] 宋宇斐，滕桂法，苑迎春，等. 基于颜色特征RSTR-GMR的群体小麦图

像分割算法[J]. 河北农业大学学报, 2019, 42（06）: 128-133.

[66] Tianyi H, Guang Y, Bo C, et al. Pearson correlation test-based ARIMA model of displacement prediction. Water resources & hydropower engineering, 2016.

[67] Avinash A, Snehasish D G. Assessment of spinach seedling health status and chlorophyll content by multivariate data analysis and multiple linear regression of leaf image features[J]. Computers & electronics in agriculture, 2018, 152: 281-289.

[68] 张珏, 田海清, 李哲, 等. 基于数码相机图像的甜菜冠层氮素营养监测[J]. 农业工程学报, 2018, 34（01）: 157-163.

[69] 石媛媛. 基于数字图像的水稻氮磷钾营养诊断与建模研究[D]. 杭州: 浙江大学, 2011.

[70] 翟明娟, 刘亚东, 崔日鲜. 基于冬小麦冠层数码图像的叶面积指数和叶片SPAD值的估算[J]. 青岛农业大学学报（自然科学版）, 2016, 33（02）: 91-96.

[71] Li Y, Chen D, Walker C N, et al. Estimating the nitrogen status of crops using a digital camera[J]. Field crop research, 2010, 118(3): 221-227.

[72] 杜庆海, 于忠清, 张佳. 基于不变矩特征的图像识别[J]. 信息技术与信息化, 2008（06）: 96-97+52.

[73] 杨昊. 基于叶片图像分析的马铃薯疾病诊断技术研究[D]. 保定: 河北农业大学, 2019.

[74] Tavakoli H, Gebbers R. Assessing nitrogen and water status of winter wheat using a digital camera[J]. Computers and electronics in agriculture, 2019, 157: 558-567.

[75] Barman, Utpal, Choudhury, et at. Smartphone image based digital

ll meter to estimate the value of citrus leaves chlorophyll using linear regression, LMBP-ANN and SCGBP-ANN[J]. Journal of King Saud University-computer and information sciences. 10. 1016/j. jksuci. 2020. 01. 005.

[76] Safa M, Martin K E, Kc B, et al. Modelling nitrogen content of Pasture Herbage Using Thermal Images and Artificial Neural Networks, Thermal Science and Engineering Progress （2019）, doi: https: //doi. org/10. 1016/j. tsep. 2019. 04. 005.

[77] 夏莎莎，张聪，李佳珍，等. 基于手机相机获取玉米叶片数字图像的氮素营养诊断与推荐施肥研究[J]. 中国生态农业学报，2018, 26（05）: 703-709.

[78] 夏莎莎，张聪，李佳珍，等. 基于手机相机获取冬小麦冠层数字图像的氮素诊断与推荐施肥研究[J]. 中国生态农业学报，2018, 26（04）: 538-546.